剪映+AI数字人

短视频剪辑制作实战技巧大全

孙文博

汤 超 ｜编著

化学工业出版社

·北京·

内 容 简 介

与专业的视频后期软件Premiere或者Final Cut Pro相比，虽然剪映在功能上有所欠缺，但由于其操作简单易上手，即便是后期小白也能制作出精彩的效果，所以成为目前主流的短视频后期软件之一。而本书的目的，就是让"每个人"都学会剪映，都学会视频后期。

为了实现这一目的，本书从剪映的界面开始讲起，到基本功能，再到添加文字、音乐、特效、动画等进阶技巧，还总结了十大类短视频后期思路，最后通过五个实操案例教学将以上所学融会贯通，实现从小白到高手的进阶。

但在笔者看来，内容全面不代表零基础的小白就能学得会。因此，为了真正实现"每个人"都能学会视频后期的目的，本书还具有"通过实际案例讲解剪映功能使用方法"，"赠送与图书配套的近800分钟视频教学"以及"归纳式案例教学"这三大特点。

本书不仅适合希望创作出优秀视频作品的自媒体创作者自学使用，也可在开设了视频制作相关专业的院校中作为教材使用。

图书在版编目（CIP）数据

剪映+AI数字人：短视频剪辑制作实战技巧大全 /
孙文博，汤超编著 . —北京：化学工业出版社，2024.5（2025.5重印）
 ISBN 978-7-122-45251-1

Ⅰ . ①剪… Ⅱ . ①孙… ②汤… Ⅲ . ①视频编辑软件
Ⅳ . ① TP317.53

中国国家版本馆 CIP 数据核字（2024）第 055502 号

责任编辑：吴思璇　李　辰　　　　　　　　　封面设计：异一设计
责任校对：王　静　　　　　　　　　　　　　装帧设计：盟诺文化

出版发行：化学工业出版社（北京市东城区青年湖南街13号　邮政编码100011）
印　　装：天津裕同印刷有限公司
710mm×1000mm　1/16　印张11　字数262千字　2025年5月北京第1版第2次印刷

购书咨询：010-64518888　　　　　　　　　　售后服务：010-64518899
网　　址：http://www.cip.com.cn
凡购买本书，如有缺损质量问题，本社销售中心负责调换。

定　　价：78.00元

前 言
PREFACE

相比专业的视频后期软件，比如 Premiere 或者 Final Cut Pro，剪映作为简单易上手的视频后期 APP，可以让零基础的后期小白以较低的学习成本就能制作出同样精彩的视频。

为了让每个人都能学会视频后期，本书前两章从认识剪映的界面讲起，让各位了解时间线、时间轴、轨道等基本概念，打下坚实的学习基础。再通过对分割、定格、画中画、蒙版、关键帧、抖音玩法、镜头追踪等 11 大功能使用方法的讲解，让各位掌握剪映基础使用方法。

从第 3 章到第 7 章，则通过实操教学，讲解了如何为视频添加文字、音乐、转场、特效等，并对剪映专业版（PC 版）进行了简单介绍，让各位具备制作精彩视频的能力。

与学会使用剪映相比，后期思路其实更为重要。有了后期思路，才有了后期处理的方向，才知道该用哪些工具，使用哪些功能。因此在第 8 章总结了 10 大类视频的后期思路，明确视频的后期方向。并在第 9 章详细讲解了视频效果的后期方法，包括浪漫九宫格、绿幕素材合成、日记本翻页效果等。从而将之前所学融会贯通，实现预期的画面效果。

为了让本书的内容更加完整，在第 10 章和第 11 章分别介绍了随时随地全方位使用剪映和利用剪映的 AI 与数字人技术高效制作视频的方法，通过这一本书就可以学习到使用剪映的全流程，进一步降低学习成本。

然而，全面的内容真的就意味着各位读者学得懂，学得会吗？笔者并不这么认为。因此，为了真正实现"每个人"都能学会视频后期，这本书还具有以下三个特点。

特点一：通过实际案例讲解剪映功能使用方法

本书的案例教学不仅仅局限在第 9 章。其实在讲解每个功能的作用及使用方法时，都力求能够通过该功能实现某个具体效果。比如讲解"关键帧"功能时，就利用该功能制作出了"模拟播放视频"的动画效果；又比如在讲解"定格"功能时，则教给各位制作"鬼畜"效果。

特点二：图文与视频教学相结合

各位读者买的将不仅仅是这本书，其实还包括与该书配套的近 800 分钟视频教学。当书中有哪些地方看不懂时，就可以观看赠送的配套课程。其实有很多操作中的细节，以图文的方式很难表达，但通过视频，一看便会。

特点三：结构清晰的案例教学

很多案例教学，就是从第一步开始一直讲到最后一步。这种方法，虽然能让读者按照书中内容制作出该效果，却不利于后期思路的建立与培养。而本书在案例教学部分，将每个案例中数十个小步骤总结为三到四个大步骤，并且会简单介绍此步操作的目的。让各位在后期制作时，不但知道怎么做，还知道这么做的目的是什么。

最后，相信各位通过本书的学习，可以从视频后期小白成长为高手，并制作出火爆抖音、快手的优质短视频。

本书由哈尔滨师范大学汤超老师及哈尔滨理工大学孙文博老师共同撰写，其中汤超老师负责第1章至第7章，孙文博老师负责第8章至第11章。

为了方便交流与沟通，欢迎读者朋友添加我们的客服微信 hjysysp，与我们在线交流，也可以加入摄影交流 QQ 群（327220740），与众多喜爱摄影的小伙伴交流。

如果希望每日接收新鲜、实用的摄影技巧，可以关注我们的微信公众号"好机友摄影视频拍摄与 AIGC"；或在今日头条搜索"好机友摄影""北极光摄影"，在百度 APP 中搜索"好机友摄影课堂""北极光摄影"，以关注我们的头条号、百家号；在抖音搜索"好机友摄影""北极光摄影"，关注我们的抖音号。

编著者

目　录
CONTENTS

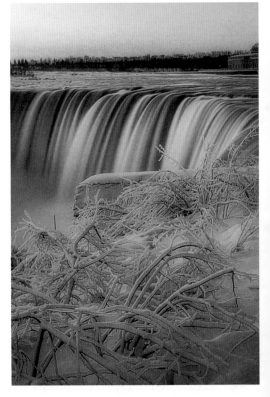

第 6 章 为视频画面进行润色以增加美感

第 7 章 轻松掌握剪映专业版（PC 版）

第 8 章 爆款短视频剪辑思路

第 9 章 火爆抖音的后期效果案例教学

第 10 章　随时随地用剪映

第 11 章　利用剪映的 AI 与数字人技术高效制作视频

第 1 章

掌握剪映的基本使用方法

认识剪映的界面

在将一段视频素材导入剪映后，即可看到编辑界面。该界面由三部分组成，分别为预览区、时间线和工具栏。

认识预览区

在预览区中可以实时查看视频画面。时间轴位于视频轨道的不同位置时，预览区会显示当前时间轴所在那一帧的图像。

可以说，视频剪辑过程中的任何一个操作，都需要在预览区中确定其效果。当预览完视频内容后，发现没有必要再继续修改时，一个视频的后期制作就完成了。预览区在剪映界面中的位置如图1所示。

在图1中，预览区左下角显示的为"00:00/00:05"。其中"00:00"表示当前时间轴位于的时间刻度为"00:00"，"00:05"则表示视频总时长为5秒。

点击预览区下方的▷图标，即可从当前时间轴所处位置播放视频；点击⤺图标，即可撤回上一步操作；点击⤻图标，即可在撤回操作后，再将其恢复；点击▨图标可全屏预览视频。

▲图1

认识时间线

在使用剪映进行视频后期时，90%以上的操作都是在时间线区域中完成的，该区域范围如图2所示。

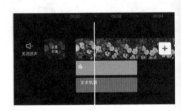

时间线中的"轨道"

占据时间线区域较大比例的是各种"轨道"。图2中有花卉图案的是主视频轨道；橘黄色的是贴纸轨道；橘红色的是文字轨道。

▲图2

在时间线区域中还有各种各样的轨道，如"特效轨道""音频轨道""滤镜轨道"等。通过各种"轨道"的首尾位置，即可确定其时长及效果的作用范围。

时间线中的"时间轴"

时间线区域中那条竖直的白线就是"时间轴"，随着时间轴在视频轨道上移动，预览区域就会显示当前时间轴所在那一帧的画面。在进行视频剪辑，以及确定特效、贴纸、文字等元素的作用范围时，都需要移动时间轴到指定位置，然后再移动相关轨道至时间轴，从而实现精确定位。

时间线中的"时间刻度"

在时间线区域的最上方，是一排时间刻度。通过该刻度，可以准确判断当前时间轴所在的时间点。但其更重要的作用在于，随着视频轨道被"拉长"或者"缩短"时，时间刻度的"跨度"也会相应地变化。

当视频轨道被拉长时，时间刻度的跨度最小可以达到1帧/节点，有利于精确定位时间轴的位置，如图3所示。而当视频轨道被缩短时，则有利于快速在较大时间范围内移动时间轴。

▲图 3

认识工具栏

剪映编辑界面的最下方即为工具栏。剪映中的所有功能几乎都需要在工具栏中找到相关选项进行使用。在不选中任何轨道的情况下，剪映所显示的为一级工具栏，点击相应选项，即会进入二级工具栏。

值得注意的是，当选中某一轨道后，剪映工具栏会随之发生变化，变成与所选轨道相匹配的工具。比如，图4所示为选中视频轨道的工具栏，而图5所示则为选择文本轨道时的工具栏。

▲图 4

▲图 5

掌握时间轴的使用方法

通过上文我们已经了解，时间轴是时间线区域中的重要组成部分。在视频后期中，熟练运用时间轴可以让素材之间的衔接更流畅，让效果的作用范围更精确。

用时间轴精确定位画面

当从一个镜头中截取视频片段时，只需在移动时间轴的同时观察预览画面，通过画面内容来确定截取视频的开头和结尾。

以图6和图7为例，利用时间轴可以精确定位到视频中人物呈现某一姿态的画面，从而确定所截取视频的开头（00:02）和结尾（00:04）。

▲图 6

通过时间轴定位视频画面几乎是所有后期中的必需操作，因为对于任何一种后期效果，都需要确定其"覆盖范围"，而"覆盖范围"其实就是利用时间轴来确定起始时刻和结束时刻。

快速"大范围"移动时间轴的方法

在处理长视频时，由于时间跨度比较大，所以从视频开头移动到视频末尾就需要较长时间。

此时可以将视频轨道"缩短"（两个手指并拢，同缩小图片操作），从而让时间轴移动较短距离，即可实现视频时间刻度的大范围跳转。

比如在图8中，由于每一格的时间跨度高达10秒，所以一个40秒的视频，将时间轴从开头移动到结尾就可以在极短的时间内完成。

另外，缩短时间线后，每一段视频在界面中显示的"长度"也变短了，从而可以更方便地调整视频排列顺序。

▲图7

▲图8

让时间轴定位更精准的方法

拉长时间线后（两个手指分开，同放大图片操作），其时间刻度将以"帧"为单位显示。

动态的视频其实就是连续播放多个画面所呈现的效果。组成一个视频的每一个画面，就被称为"帧"。

在使用手机录制视频时，其帧率一般为30fps，也就是每秒连续播放30个画面。

所以，当将时间线拉至最长后，每秒都被分为30个画面来显示，从而极大地提高画面选择的精度。

比如，在如图9所示的8f（第8帧）的画面和如图10中所示的10f（第10帧）的画面就存在细微的区别。而在拉长时间线后，就可以在这个细微的区别中进行选择。

▲图9

▲图10

学会与"轨道"相关的简单操作

视频后期过程中，绝大多数时间都是在处理"轨道"。因此，掌握了对轨道进行简单操作的方法，就代表迈出了视频后期的第一步。

调整同一轨道上不同素材的顺序

利用视频后期中的"轨道"，可以快速调整多段视频的排列顺序。

❶ 缩短时间线，让每一段视频都能在编辑界面显示，如图11所示。

❷ 长按需要调整位置的视频片段，并将其拖曳到目标位置，如图12所示。

❸ 手指离开屏幕后，即可完成视频素材顺序的调整，如图13所示。

⚠ 图11

⚠ 图12

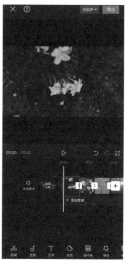

⚠ 图13

除了调整视频素材的顺序，对其余轨道也可以利用相似的方法调整顺序或者改变其所在的轨道。

比如图14中有两条音频轨道。如果配乐在时间线上不会重叠，则可以长按其中一条音轨，将其与另一条音轨放在同一轨道上，如图15所示。

⚠ 图14

⚠ 图15

快速调节素材时长的方法

在后期剪辑时，经常会出现需要调整视频长度的情况，下面介绍快速调节素材时长的方法。

❶ 选中需要调节长度的视频片段，如图16所示。

❷ 拖动左侧或者右侧的白色边框，即可增加或者缩短视频长度，如图17所示。需要注意的是，如果视频片段已经完整出现在轨道，则无法继续增加其长度。另外，提前确定好时间轴的位置，当缩短视频长度至时间轴附近时，会有吸附效果。

❸ 拖动边框拉长或者缩短视频时，其片段时长会时刻在左上角显示，如图18所示。

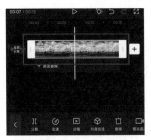
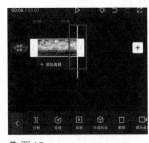
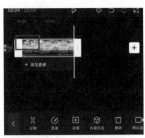

⚠ 图16 ⚠ 图17 ⚠ 图18

通过"轨道"调整效果覆盖范围

无论是添加文字，还是添加音乐、滤镜、贴纸等效果时，对于视频后期，都需要确定其覆盖的范围，即确定从哪个画面开始到哪个画面结束应用这种效果。

❶ 移动时间轴确定应用该效果的起始画面，然后长按效果轨道并拖曳（此处以滤镜轨道为例），将效果轨道的左侧与时间轴对齐。无论是在剪映还是在快影中，当效果轨道移动到时间轴附近时，就会被自动吸附过去，如图19所示。

❷ 接下来移动时间轴，确定效果覆盖的结束画面，并点击一下效果轨道，使其边缘出现"白框"，如图20所示。

❸ 拉动白框右侧的⊥部分，将其与时间轴对齐。同样，当效果条拖动至时间轴附近后，就会被自动吸附，所以不必担心能否对齐的问题，如图21所示。

⚠ 图19 ⚠ 图20 ⚠ 图21

通过"轨道"实现多种效果同时应用到视频

得益于"轨道"这一机制，在同一时间段内可以具有多个轨道，如音乐轨道、文本轨道、贴图轨道、滤镜轨道等。

因此，当播放这段视频时，就可以同时加载覆盖这段视频的一切效果，最终呈现出丰富多彩的视频画面，如图22所示。

△ 图 22

视频后期的基本流程

掌握了上述剪映中最基础的内容后，就可以开始进行第一次视频后期了。接下来将通过一个完整的后期流程，讲解剪映的基本使用方法。

导入视频

导入视频的基本方法

将视频导入"剪映"或者"快影"的方法基本相同，所以此处仅以"剪映"为例进行介绍。

❶ 打开剪映APP后，点击"开始创作"按钮，如图23所示。

❷ 在进入的界面中选择希望处理的视频，然后点击界面下方"添加"按钮，即可将该视频导入剪映中。

当选择了多个视频导入剪映时，其在编辑界面中的排列顺序与选择顺序一致，并且在如图24所示的导入视频界面中会出现序号。当然，导入素材后，在编辑界面中也可以随时改变视频的排列顺序。

△ 图 23

△ 图 24

导入视频的小技巧

在剪映内直接选择视频导入时，由于无法预览视频，很难分辨相似场景的视频，无法确定哪一个才是希望导入的。通过以下方法可以解决该问题。

❶ 先将筛选出的视频放在手机中的一个相册或者文件夹中，并点击界面右上方"选择"按钮，如图25所示。

❷ 接下来将筛选出的视频全部选中，并点击左下角的 📤 图标（安卓手机需点击"打开"按钮），如图26所示。

❸ 最后点击剪映APP图标，即可将所选视频导入到剪映中，如图27所示。

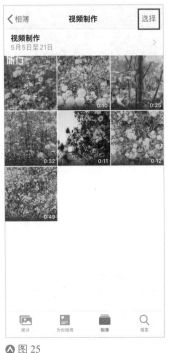
⋀ 图 25

⋀ 图 26

⋀ 图 27

导入视频即完成视频制作的方法

使用剪映中的"剪同款"功能，可以通过选择"模板"的方式，导入素材后即可自动生成带有特效的视频。

❶ 打开剪映APP，点击界面下方 🎬 图标（剪同款），即可显示多个视频，如图28所示。

❷ 选择一个喜欢的视频，并点击界面右下角的"剪同款"按钮，如图29所示。

❸ 不同的模板，其需求的素材数量不同，此处所选的视频模板需要添加16段素材。选定需要添加的素材后，点击右下角"下一步"按钮，如图30所示。

需要注意的是，素材数量既不能多，也不能少，必须正好为所需的素材数量才能够继续进行制作。

❹ 片刻之后，剪映就自动将所选视频制作为模板的效果。点击界面下方的素材片段，还可以分别进行细节调整，如图31所示。

> **提示**
>
> 使用"剪同款"功能虽然可以快速得到具有一定效果的视频，但是无法根据自己的需求进行修改。因此，如果想要制作出完全符合自己预期效果的视频，仍然需要学习剪映的相关操作。另外，如果自己没有后期思路，也可以去剪同款中看一看有哪些好玩的效果，可以给自己带来灵感。

⚠ 图28

⚠ 图29

⚠ 图30

⚠ 图31

调整画面比例

制作好的视频无论是要发布到抖音还是快手，均建议将画面比例设置为9∶16。因为该比例在竖持手机时，视频可以全屏显示。

因为在刷短视频时，大多数人都会竖拿手机，所以9∶16的画面比例对于观众来说更方便观看。

❶ 打开剪映APP，导入一段视频素材，点击界面下方的"比例"按钮，如图32所示。

❷ 在界面下方选择所需的视频比例，建议设置为9∶16，如图33所示。

⚠ 图32

⚠ 图33

添加背景防止出现"黑边"

在调节画面比例后，如果视频画面与所设比例不一致，画面四周可能会出现黑边。防止其出现黑边的其中一种方法就是添加"背景"。

❶ 将时间轴移至希望添加背景的视频轨道内，点击界面下方的"背景"按钮，如图34所示。注意，添加背景时不要选中任何片段。

❷ 从"画布颜色""画布样式""画布模糊"中选择一种背景风格，如图35所示。其中"画布颜色"为纯色背景，"画布样式"为有各种图案的背景，"画布模糊"为将当前画面放大并模糊后作为背景。笔者更偏爱选择"画布模糊"风格，因为该风格的背景与画面的割裂感最小。

❸ 此处以选择"画布模糊"风格为例。当选择该风格后，可以设置不同模糊程度的背景，如图36所示。

需要注意的是，如果此时视频中已经有多个片段，背景只会加载到时间轴所在的片段上；如果需要为其余所有片段均增加同类背景，则需要点击图36中左下角的"全局应用"按钮。

△ 图 34

△ 图 35

△ 图 36

调整画面的大小和位置

在统一画面比例后，也可以通过调整视频画面的大小和位置，使其覆盖整个画布，同样可以避免出现"黑边"情况。

❶ 在视频轨道中选中需要调节大小和位置的视频片段，此时预览画面会出现红框，如图37所示。

❷ 使用双指即可放大画面，使其填充整个画布，如图38所示。

❸ 由于原始画面的比例发生了变化，所以要适当调整画面位置，使其构图更为美观。在预览区按住画面并拖动即可调整画面位置，如图39所示。

◈ 图 37

◈ 图 38

◈ 图 39

剪辑视频

将视频片段按照一定顺序组合成一个完整视频的过程，称为"剪辑"。

即使整个视频只有一个镜头，也可能需要将多余的部分删除，或者将其分成不同的片段，重新排列组合，进而产生完全不同的视觉感受，这同样是"剪辑"。

将一段视频导入剪映后，与剪辑相关的工具基本在"剪辑"选项中，如图40所示。其中常用的工具为"分割"和"变速"，如图41所示。

另外，为多段视频间添加转场效果也是"剪辑"中的一个重要操作，可以让视频更为流畅、自然，图42所示即为"转场"编辑界面。

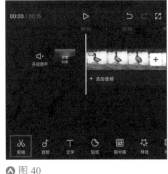

◈ 图 40

◈ 图 41

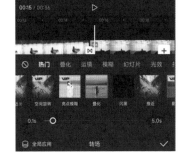

◈ 图 42

润色视频

与图片后期相似，一段视频的影调和色彩也可以通过后期来调整。

❶ 打开剪映，点击界面下方的"调节"按钮，如图43所示。

❷ 选择亮度、对比度、高光、阴影等工具，拖动滑动条，即可实现对画面明暗、影调的调整，如图44所示。

❸ 也可以点击图44中的"滤镜"按钮，在如图45所示的界面中，通过添加滤镜来调整画面的影调和色彩。拖动滑动条可以控制滤镜的强度，得到理想的画面色调。

⚠图 43

⚠图 44

⚠图 45

添加音乐

通过剪辑将多个视频串联在一起，再对画面进行润色后，其在视觉上的效果就基本确定了。接下来需要对视频进行配乐，进一步烘托短片所要传达的情绪与氛围。

❶ 在添加背景音乐之前，首先点击视频轨道下方的"添加音频"字样，即可进入音频编辑界面，如图46所示。

❷ 点击界面左下角的"音乐"按钮，即可选择背景音乐，如图47所示。若在该界面点击"音效"，则可以选择一些简短的音频，针对视频中某个特定的画面进行配音。

❸ 进入"音乐"选择界面后，点击音乐右侧的↓图标，即可下载该音频，如图48所示。

❹ 下载完成后，↓图标会变为"使用"字样。点击后，即可将所选音乐添加到视频中，如图49所示。

❻ 图 46

❻ 图 47

❻ 图 48

❻ 图 49

导出视频

对视频进行剪辑、润色并添加背景音乐后，就可以将其导出保存或者上传到抖音、快手中进行发布了。

❶ 点击剪映右上角的"1080P"字样，如图50所示。

❷ 打开如图51所示的界面，对"分辨率""帧率"和"码率"进行设置，然后点击右上角的"导出"按钮即可。一般情况下，将"分辨率"设置为1080p，将"帧率"设置为30，码率设置为"推荐"就可以。但如果有充足的存储空间，则建议将"分辨率""帧率"和"码率"均设置为最高。

❸ 成功导出后，即可在相册中查看该视频，或者点击"抖音"或"西瓜视频"按钮直接进行发布，如图52所示。

❻ 图 50

❻ 图 51

❻ 图 52

第 2 章

掌握剪映进阶功能

使用"分割"功能让视频剪辑更灵活

"分割"功能的作用

当需要将视频中的某部分删除时，需要使用分割工具。此外，如果想调整一整段视频的播放顺序，同样需要先利用分割功能将其分割成多个片段，然后对播放顺序进行重新组合，这种视频剪辑方法即被称为"蒙太奇"。

利用"分割"功能截取精彩片段

导入一段素材后，往往只需要截取出其中的某个部分。当然，通过选中视频片段并拉去"白框"，同样可以实现"截取片段"的目的。但在实际操作过程中，该方法的精确度不太高。因此，如果需要精确截取片段，就需要用到"分割"功能。

❶ 将时间线拉长，从而可以精确定位精彩片段的起始位置。确定起始位置后，点击界面下方的"剪辑"按钮，如图1所示。

❷ 点击界面下方的"分割"按钮，如图2所示。

❸ 此时会发现在所选位置出现黑色实线及丨图标，表示在此处分割了视频，如图3所示。将时间轴拖动至精彩片段的结尾处，按照同样的方法对视频进行分割。

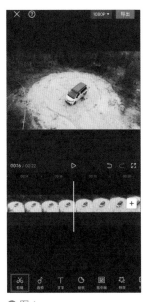

⋀ 图1

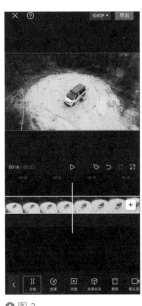

⋀ 图2

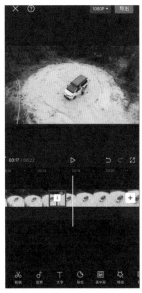

⋀ 图3

❹ 将时间线缩短，即可发现，在两次分割后原本只有一段的视频变为三段，如图4所示。

❺ 分别选中前后两段视频，点击界面下方"删除"按钮，如图5所示。

❻ 当前后两段视频被删除后，就只剩下需要保留下来的那段精彩画面了，点击界面右上角的"导出"按钮即可保存视频，如图6所示。

⚠ 图4

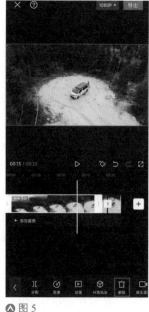

⚠ 图5

⚠ 图6

提示

　　一段原本5秒的视频，通过分割功能截取其中的2秒。此时选中该段2秒的视频，并拉动其"白框"，依然能够将其恢复为5秒的视频。因此，不要认为分割并删除无用的部分后，那部分会彻底"消失"。之所以提示读者此点知识，是因为在操作过程中如果不小心拉动了被分割视频的白框，那么被删除的部分就会重新出现。如果没有及时发现，很可能会影响接下来的一系列操作。

使用"编辑"功能对画面进行二次构图

"编辑"功能的作用

　　如果前期拍摄的画面有些歪斜，或者构图存在问题，那么通过"编辑"功能中的旋转、镜像、裁剪等工具，可以在一定程度上进行弥补。但需要注意的是，除了"镜像"功能，另外两种功能都会或多或少降低画面像素。

利用"编辑"功能调整画面

　　❶ 选中一个视频片段后，即可在界面下方找到"编辑"按钮，如图7所示。

　　❷ 点击"编辑"按钮，会看到有三种操作可供选择，分别为"旋转""镜像"和"裁剪"，如图8所示。

　　❸ 点击"裁剪"按钮，进入如图9所示的裁剪界面。通过调整白色裁剪框的大小，再加上移动被裁剪的画面，即可确定裁剪位置。

　　需要注意的是，一旦选定裁剪范围后，整段视频画面均会被裁剪。并且在裁剪界面的静态画面只能是该段视频的第一帧。因此，如果需要对一个片段中画面变化较大的部分进行裁剪，则建议先将该部分截取出来，然后单独导出，再打开剪映，导入该视频进行裁剪操作，这样才能更准确地裁剪出自己喜欢的画面。

❹ 点击该界面下方的比例，即可固定裁剪框比例进行裁剪，如图10所示。

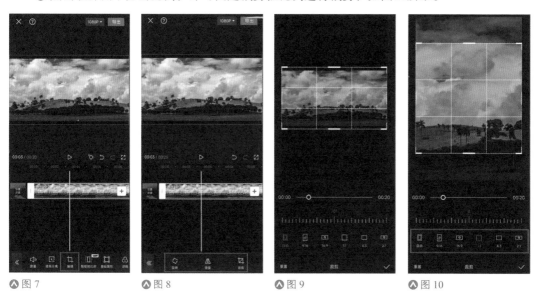

⚠ 图7　　　　　⚠ 图8　　　　　⚠ 图9　　　　　⚠ 图10

❺ 调节界面下方的"标尺"，即可对画面进行旋转，如图11所示。对于一些拍摄歪斜的素材，可以通过此功能进行校正。

❻ 若在图8中单击"镜像"按钮，视频画面会与原画面形成镜像对称，如图12所示。

❼ 若在图8中单击"旋转"按钮，根据点击的次数，可分别旋转90°、180°、270°，也就是只能调整画面的整体方向，如图13所示。与上文所说的可以精细调节画面水平的"旋转"是两个不同的功能。

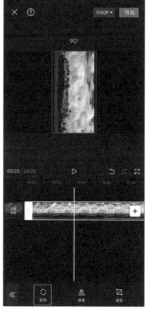

⚠ 图11　　　　　⚠ 图12　　　　　⚠ 图13

使用"变速"功能让视频张弛有度

"变速"功能的作用

当录制一些运动中的景物时，如果运动速度过快，那么通过肉眼是无法清楚观察到每一个细节的。此时可以使用"变速"功能降低画面中景物的运动速度，形成慢动作效果，从而使每一个瞬间都能清晰地呈现。

而对于一些变化太过缓慢，或者比较单调、乏味的画面，则可以通过"变速"功能适当提高速度，形成快动作效果，从而减少这些画面的播放时间，让视频更加生动。

另外，通过曲线变速功能，可以让画面的快与慢形成一定的节奏感，从而大大提高观看体验。

利用"变速"功能实现快动作与慢动作混搭视频

❶ 将视频导入剪映后，点击界面下方的"剪辑"按钮，如图14所示。

❷ 点击界面下方的"变速"按钮，如图15所示。

❸ 剪映提供了两种变速方式，一种是"常规变速"，也就是对所选的视频进行统一调速；另一种是"曲线变速"，可以有针对性地对一段视频中的不同部分进行加速或者减速处理，而且加速、减速的幅度可以自行调节，如图16所示。

△ 图14

△ 图15

△ 图16

❹ 如果选择"常规变速"，可以通过滑动条控制加速或者减速的幅度。"1×"为原始速度，"0.5×"为2倍慢动作，"0.2×"为5倍慢动作，依次类推，即可确定慢动作的倍数，如图17所示。

❺ "2×"表示2倍快动作，剪映最高可以实现"100×"快动作，如图18所示。

❻ 如果选择"曲线变速"，则可以直接使用预设好的速度，为视频中的不同部分添加慢动作或快动作效果。但大多数情况下，都需要使用"自定"选项，根据视频进行手动设置，如图19所示。

⚠图 17　　　　　　　　　　⚠图 18　　　　　　　　　　⚠图 19

❼ 选择"自定"选项后，该图标变为红色，再次点击可进入编辑界面，如图20所示。

❽ 由于需要根据视频自行确定锚点位置，所以并不需要预设锚点。选中锚点后，点击"删除点"按钮，可以将其删除，如图21所示。

❾ 删除后的界面如图22所示。

⚠图 20　　　　　　　　　　⚠图 21　　　　　　　　　　⚠图 22

提示

　　曲线上的锚点除了可以上下拉动，还可以左右拉动，因此不必删除锚点，可以通过拖动已有锚点将其调节至目标位置。但在制作相对较复杂的曲线变速时，锚点数量较多。原有的预设锚点在没有被使用到的情况下，可能会扰乱调节思路，导致忘记个别锚点的作用。所以建议在制作曲线变速前删除原有预设锚点。

⓿ 该演示案例是一段足球视频，其中有对运动员精彩动作的特写，也有大场景的镜头。本次后期处理的目的是，让精彩的特写镜头以慢动作呈现，而大场景的镜头以快动作呈现。因此，移动时间轴，将其定格在精彩特写镜头开始的位置，并点击"添加点"按钮，如图23所示。

⓫ 再将时间轴定位到大场景的画面，并点击"添加点"按钮。向下拖动上一步在精彩镜头开始位置创建的锚点，即可形成慢动作效果；适当向上移动大场景镜头的锚点，即可形成快动作效果。由于曲线是连贯的，所以从慢动作到快动作的过程具有渐变效果，调整后如图24所示。

⓬ 按照这个思路，在精彩镜头和大场景开始的时刻分别建立锚点，并分别向下拉动、向上拉动锚点形成慢动作和快动作效果，最终形成的曲线如图25所示。

⓭ 由于该案例的每个画面持续时间较短，并且画面切换频率较高，所以通过单独拉动一个锚点就可以满足变速需求。而当希望让较长时间的画面呈现慢动作或快动作效果时，就需要通过两个锚点，让曲线稳定在同一变速数值（纵轴），如图26所示。

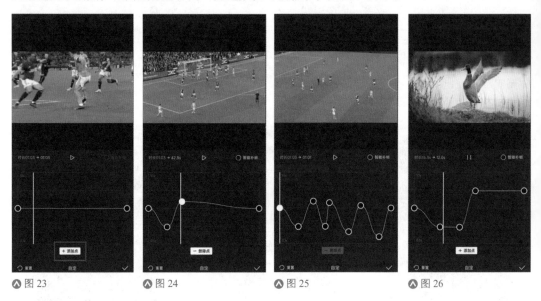

⚠ 图 23　　⚠ 图 24　　⚠ 图 25　　⚠ 图 26

使用"定格"功能凝固精彩瞬间

"定格"功能的作用

"定格"功能可以将一段动态视频中的某个画面凝固下来，从而呈现突出某个瞬间的效果。另外，如果一段视频中多次出现定格画面，并且其时间点也与音乐节拍相匹配，就可以让视频具有律动感。

利用"定格"功能凝固精彩舞蹈瞬间

❶ 移动时间轴，选择希望进行定格的画面，如图27所示。

❷ 保持时间轴位置不变，选中该视频片段，此时即可在工具栏中找到"定格"选项，如图28所示。

❸ 选择"定格"选项后，在时间轴的右侧即会出现一段时长为3秒的静态画面，如图29所示。

⚠ 图 27

⚠ 图 28

⚠ 图 29

❹ 定格出来的静态画面可以随意拉长或者缩短。为了避免静态画面时间过长导致视频乏味，此处可将其缩短至1.2秒，如图30所示。

❺ 按照相同的方法，可以为一段视频中任意一个画面做定格处理，并调整其持续时长。

❻ 为了让定格后的静态画面更具观赏性，笔者在这里为其增加了"抖动"特效。注意将特效的时长与"定格画面"对齐，从而凸显视频节奏的变化，如图31所示。

⚠ 图 30

⚠ 图 31

使用"倒放"功能制作"鬼畜"效果

"倒放"功能的作用

所谓"倒放"功能，就是可以让视频从后往前播放。当视频记录的是一些随时间发生变化的画面时，如花开花落、日出日暮等，应用此功能可以营造出一种时光倒流的视觉效果。

此种应用方式过于常见，而且很简单，本节通过制作曾经非常流行的"鬼畜"效果，来讲解"倒放"功能的使用方法。

利用"倒放"功能制作"鬼畜"效果

❶ 使用"分割"工具，截取下视频中的一个完整动作。此处截取的是画面中人物端起水杯到嘴边的动作，如图32所示。

❷ 选中截取后的素材，点击界面下方的"复制"按钮，如图33所示。

❸ 选中复制的素材，点击界面下方的"倒放"按钮，从而营造出人物拿起水杯又放下的效果，如图34所示。

❹ 再次选中原始的素材视频，将其复制，并将复制后的视频移动到轨道末端，如图35所示。至此，就形成了一个简单的"鬼畜"循环——水杯拿起又放下，接着又拿起。

⚠ 图 32　　⚠ 图 33　　⚠ 图 34　　⚠ 图 35

提示

在该步骤中，也可以选中第1段视频素材进行倒放。因为只要满足在3段同一动作的视频中，中间那段与其他两段播放顺序相反即可。

⑤ 最后，为每一个片段做加速处理，使动作速度更快，形成"鬼畜"画面效果。变速倍数需要根据原视频本身动作速率，通过多次尝试后进行确定，此处设置为"7.6x"左右，如图36所示。

△ 图 36

通过"防抖"和"降噪"功能提高视频质量

"防抖"和"降噪"功能的作用

在使用手机录制视频时，很容易在运镜过程中出现画面晃动的问题。利用剪映中的"防抖"功能，可以明显减弱晃动幅度，让画面看起来更加平稳。

利用"降噪"功能，可以降低户外拍摄视频时产生的噪声。如果在安静的室内拍摄视频，其本身就几乎处于没有噪音的情况，"降噪"功能还可以明显提高人声的音量。

"防抖"和"降噪"功能的使用方法

① 选中一段视频素材，点击界面下方的"防抖"按钮，如图37所示。

② 在弹出的菜单中选择"防抖"的程度，一般设置为"推荐"即可，如图38所示。此时即完成视频"防抖"操作。

③ 在选中视频片段的情况下，点击界面下方的"降噪"按钮，如图39所示。

④ 将界面右下角的"降噪开关"打开，即完成降噪，如图40所示。

△ 图 37

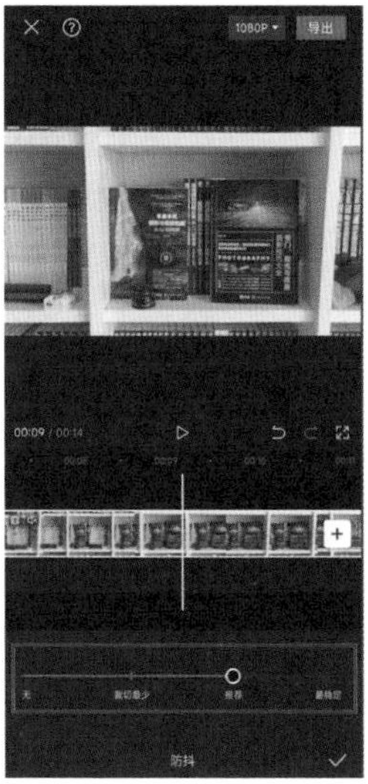

△ 图 38

△ 图 39

△ 图 40

形影不离的"画中画"与"蒙版"功能

"画中画"与"蒙版"功能的作用

通过"画中画"功能可以让一个视频画面中出现多个不同的画面，这是该功能最直接的利用方式。但"画中画"功能更重要的作用在于，可以形成多条视频轨道。利用多条视频轨道，再结合"蒙版"功能，就可以控制画面局部的显示效果。

所以，"画中画"与"蒙版"功能往往会同时使用。

"画中画"功能的使用方法

❶ 首先为剪映添加一个"黑场"素材，如图41所示。

❷ 将画面比例设置为9∶16，并让"黑场"铺满整个画面，然后点击界面下方的"画中画"按钮（此时不要选中任何视频片段），继续点击"新增画中画"按钮，如图42所示。

❸ 选中要添加的素材后，即可调整"画中画"在视频中的显示位置和大小，并且界面下方也会出现"画中画"轨道，如图43所示。

❹ 当不再选中"画中画"轨道后，即可再次点击界面下方的"新增画中画"按钮添加画面。结合"编辑"工具，还可以对该画面进行排版，如图44所示。

◬ 图 41

◬ 图 42

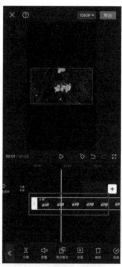
◬ 图 43

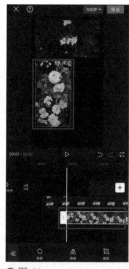
◬ 图 44

利用"画中画"与"蒙版"功能控制画面显示

当画中画轨道中的每一个画面都不重叠时，所有画面都能完整显示。一旦出现重叠，有些画面就会被遮挡。利用"蒙版"功能，则可以选择哪些区域被遮挡，哪些区域不被遮挡。

❶ 同样是上一小节中的素材，如果将两段视频均充满画面，就会产生遮挡，其中一个视频的画面会无法显示，如图45所示。

❷ 在剪映中有"层级"的概念，其中主视频轨道最低级，每多一条画中画轨道就会多一个层级。在当前案例中，有两条画中画轨道，因此会有两个层级。它们之间的覆盖关系是——层级高的轨道覆盖层级低的轨道。也就是中间的视频轨道覆盖主视频轨道，最下面的视频轨道覆盖中间的视频轨道，依次类推。选中一条画中画视频轨道，点击界面下方的"层级"选项，即可设置该轨道的层级，如图46所示。

❸ 剪映默认处于下方的视频轨道会覆盖处于上方的视频轨道。然而由于画中画轨道可以设置层级，所以如果选中位于中间的画中画轨道，并将其层级拖到最高级（针对此案例），那么中间轨道的画面则会覆盖主视频轨道与最下方视频轨道的画面，如图47所示。

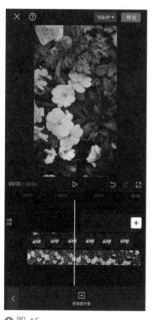

⚠图45

⚠图46

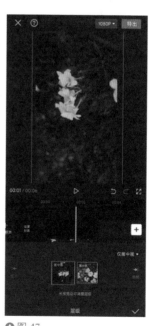
⚠图47

❹ 为了更好地呈现蒙版的作用，先将"层级"恢复为默认状态，也就是最下方的视频轨道，层级最高。然后选中最下方的画中画轨道，并点击界面下方的"蒙版"按钮，如图48所示。

❺ 选中一种"蒙版"样式，所选视频轨道画面将会出现部分显现的情况，而其余部分则会显示原本被覆盖的画面，如图49所示。通过这种方式，可以有选择地调整画面中显示的内容。

⑥ 若希望将主轨道的其中一段视频素材切换到画中画轨道，可以在选中该段素材后，点击界面下方的"切画中画"按钮。如果主轨道只有一段视频时，则无法切换，如图50所示。

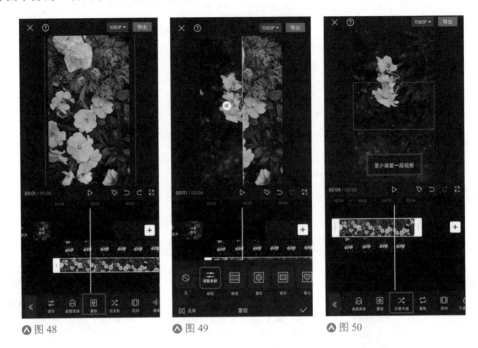

⚠ 图 48　　　　　⚠ 图 49　　　　　⚠ 图 50

利用"智能抠像"与"色度抠图"功能实现一键抠图

"智能抠像"与"色度抠图"功能的作用

通过"智能抠像"功能可以快速将人物从画面中抠取出来，从而进行替换人物背景等操作。而"色度抠图"功能则可以将在"绿幕"或者"蓝幕"下的景物快速抠取出来，方便进行视频图像的合成。

使用"智能抠像"功能快速抠出人物的方法

❶ "智能抠像"功能的使用方法非常简单，只需选中画面中有人物的视频，然后点击界面下方的"智能抠像"按钮即可。为了让读者能够看到抠图的效果，此处先"定格"一个有人物的画面，如图51所示。

❷ 然后将定格后的画面切换到"画中画"轨道，如图52所示。

❸ 选中"画中画"轨道，点击界面下方的"抠像"按钮中的"智能抠像"，此时即可看到被抠取出的人物，如图53所示。

◆图 51
◆图 52
◆图 53

使用"色度抠图"功能进行绿幕素材合成

❶ 导入一张图片素材，调节比例至9∶16，并让该图片充满整个画面，如图54所示。

❷ 将绿幕素材添加至"画中画"轨道中，使其充满整个画面，点击界面下方"抠像"按钮中的"色度抠图"，如图55所示。

❸ 将"取色器"中间的很小的"白框"移动到绿色区域，如图56所示。

❹ 选择"强度"选项，并向右拉动滑动条，即可将绿色区域"抠掉"，如图57所示。

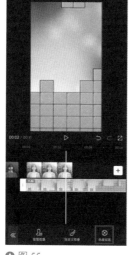

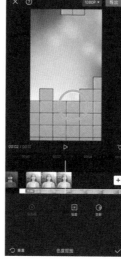

◆图 54
◆图 55
◆图 56
◆图 57

❺ 对于某些绿幕素材，即便将"强度"滑动条拉动到最右侧，可能依旧无法将绿色完全抠掉。此时，可以先小幅度提高强度数值，如图58所示。

❻ 将绿幕素材放大，再次单击"色度抠图"按钮，仔细调整"取色器"位置到残留的"绿色区域"，直到可以最大限度地抠掉绿色，如图59所示。

❼ 接下来再次选择"强度"选项，并向右拉动滑动条，就可以更好地抠除绿色区域，如图60所示。

❽ 最后，选择"阴影"选项，适当提高该数值，可以让抠图的边缘更平滑，如图61所示。抠图完成后，注意要恢复绿幕素材的位置。

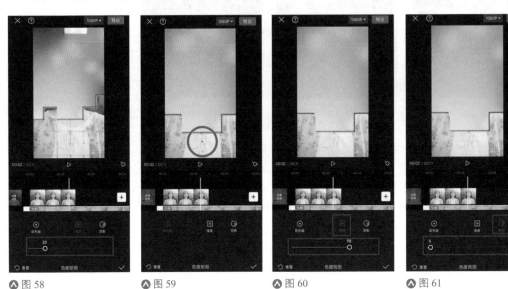

⚠ 图 58　　　　⚠ 图 59　　　　⚠ 图 60　　　　⚠ 图 61

利用"关键帧"功能让画面动起来

"关键帧"功能的作用

如果在一条轨道上添加了两个关键帧，并且在后一个关键帧处改变了显示效果，如放大或者缩小画面，移动贴纸位置或蒙版位置，修改了滤镜参数等操作，那么在播放两个关键帧之间的轨道时，就会出现第一个关键帧所在位置的效果逐渐转变为第二个关键帧所在位置的效果。

通过这个功能可以让一些原本不会移动的、非动态的元素在画面中动起来，或者让一些后期增加的效果随时间渐变。

利用"关键帧"功能让贴纸移动

❶ 首先为画面添加一个"播放类图标"贴纸，再添加一个"鼠标箭头"贴纸，如图62所示。

❷ 接下来要通过"关键帧"功能，让原本不会移动的"鼠标箭头"贴纸动起来，形成从画面一角移动到"播放"图标的效果。

将"鼠标箭头"贴纸移动到画面右下角，再将时间轴移动至该贴纸轨道的最左端，点击界面中的◇图标，添加一个关键帧，如图63所示。

❸ 将时间轴移动到"鼠标箭头"贴纸轨道的最右侧，然后移动贴纸位置至"播放"图标处，此时剪映会自动在时间轴所在位置添加一个关键帧，如图64所示。

至此，就实现了"鼠标箭头"贴纸逐渐从角落移动至"播放"图标的效果。

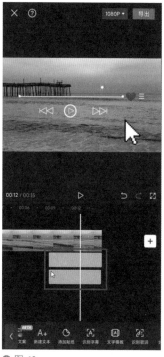

⬥ 图 62

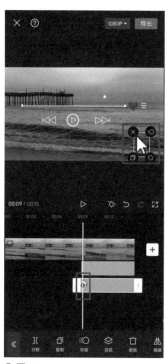

⬥ 图 63

⬥ 图 64

提示

　　除了案例中的移动贴纸，关键帧还有非常多的应用方式。比如，关键帧结合滤镜，可以实现渐变色的效果；关键帧结合蒙版，可以实现蒙版逐渐移动的效果；关键帧结合视频画面的放大与缩小，可以实现拉镜、推镜的效果；关键帧甚至还能够与音频轨道相互结合，实现任意阶段的音量渐变效果等。总之，关键帧是剪映中非常实用的一个工具，利用它可以实现很多创意效果。

使用"抖音玩法"功能增添视频趣味性

"抖音玩法"功能的作用

抖音玩法功能不同于常规功能中的特效、转场、贴纸等功能，它借助AI工具实现了卡点、运镜、变装、场景替换、人物风格转换、绘画、变脸等一系列功能，不拘泥于固有的格式，画面玩法更多样，趣味性更强。

利用"抖音玩法"功能让图片动起来

❶ 首先导入一张图片素材，选中素材轨道，点击界面下方的"抖音玩法"按钮，如图65所示。

❷ 选择"运镜"分类下的"时空穿越"玩法，等待一段时间生成效果，如图66所示。

❸ 效果生成后，之前的图片已经变成了一段时空穿越的视频，实现了让一张静止的图片变成一段动态的视频功能，增加了视频的趣味性，如图67所示。

⬆图 65　　　　　⬆图 66　　　　　⬆图 67

使用"镜头追踪"功能让视频更有动感

"智能运镜"和"镜头追踪"功能的作用

"智能运镜"功能可以自动追踪人物，并在拍摄过程中调整相机的镜头、角度和距离，以保持被拍摄对象的稳定视野。其本质原理等同于利用关键帧结合音乐节奏对画面进行变速、位置缩放大小处理。"镜头追踪"功能是在人物拍摄vlog或第三人称视角镜头时，因无法实时观看取景范围，或者因为环境因素影响导致主体位置不稳定，人物在画面中偏移程度较大。剪映镜头追踪功能相当于通过后期来进行镜头调整，始终将被摄主体位于画面中心。

利用"智能运镜"功能让视频更有动感

❶ 首先导入一段平稳的视频素材，选中素材轨道，点击界面下方的"镜头追踪"按钮，如图68所示。

❷ 选择"智能运镜"选项下的"缩放"运镜，等待一段时间生成智能运镜效果，如图69所示。

❸ 效果生成后，之前平稳的视频已经变为有缩放运镜的视频，让视频变得更有动感了，如图70所示。

△ 图68

△ 图69

△ 图70

第 3 章

用文字让视频图文并茂

　　为了让视频的信息更丰富，让重点更突出，很多视频都会配上一些文字，如视频的标题、字幕、关键词、歌词等。除此之外，为文字增加动画及特效，并安排在恰当的位置，还能够让视频画面更具美感。

　　本章将专门针对剪映中与"文字"相关的功能进行讲解，帮助读者制作出"图文并茂"的视频。

为视频添加标题

❶ 将视频导入剪映后，点击界面下方的文字按钮，如图1所示。

❷ 继续点击界面下方的"新建文本"按钮，如图2所示。

❸ 输入希望作为标题的文字，如图3所示。

❹ 切换到"字体"选项卡，在其中可以更改字体。而文字的大小则可以通过"放大"或者"缩小"的手势进行调整，如图4所示。

◇ 图1

◇ 图2

◇ 图3

◇ 图4

❺ 切换到"样式"选项卡，在其中可以更改文字颜色。为了让标题更为突出，当文字的颜色设定为橘黄色后，选择界面下方的"描边"选项卡，将边缘设为蓝色，从而利用对比色让标题更鲜明，如图5所示。

❻ 确定好标题的样式后，还需要通过"文本"轨道和时间线来确定标题显示的时间。在本案例中，希望标题始终出现在视频界面，所以要让"文本"轨道完全覆盖"视频"轨道，如图6所示。

◇ 图5

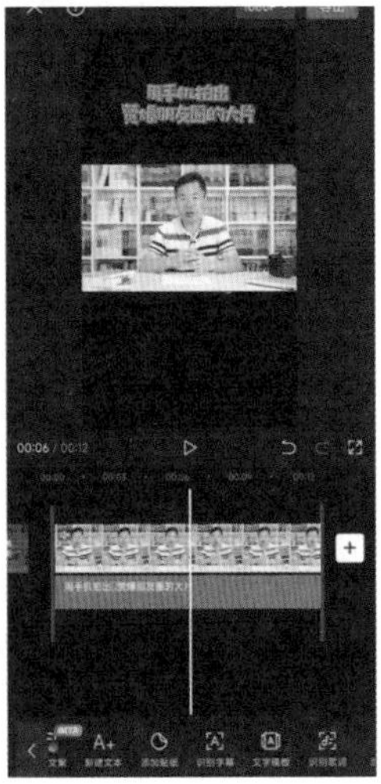

◇ 图6

为视频添加字幕

❶ 将视频导入剪映后，点击界面下方的"文字"按钮，并选择"识别字幕"选项，如图7所示。

❷ 在点击"开始匹配"按钮之前，建议选中"同时清空已有字幕"复选框，防止在反复修改时出现字幕错乱的问题，如图8所示。

❸ 自动生成的字幕会出现在视频下方，如图9所示。

❹ 图7　　　❹ 图8　　　❹ 图9

❹ 点击字幕并拖动，即可调整其位置。通过"放大"或者"缩小"的手势，可调整字幕大小，如图10所示。

❺ 值得一提的是，当对其中一段字幕进行修改后，其余字幕将自动同步修改（默认设置下），比如在调整位置并放大图10中的字幕后，图11中的字幕位置和大小将同步得到修改。

❻ 同样，还可以对字幕的颜色和字体进行详细调整，如图12所示。另外，如果取消选择图12红框内的"应用到所有字幕"复选框，则可以在不影响其他字幕效果的情况下，单独对某段字幕进行修改。

❹ 图10　　　❹ 图11　　　❹ 图12

让视频中的文字动起来

为文字添加"动画"的方法

如果想让画面中的文字动起来，最常用的方法就是为其添加"动画"。具体操作方法如下。

❶ 选中一段文字轨道，并点击界面下方的"动画"按钮，如图13所示。

❷ 在界面下方选择为文字添加"入场动画""出场动画"或"循环动画"。"入场动画"往往与"出场动画"一同使用，从而让文字的出现与消失都更自然。选中其中一种"入场动画"后，下方会出现控制动画时长的滑动条，如图14所示。

❸ 选择一种"出场动画"后，控制动画时长的滑动条会出现红色部分。控制红色线段的长度，即可调节出场动画的时长，如图15所示。

❹ 当画面中的文字需要长时间停留在画面中，又希望其处于动态效果时，往往使用"循环动画"。需要注意的是，"循环动画"不能与"入场动画"和"出场动画"同时使用。一旦设置了"循环动画"，即便之前已经设置了"入场动画"或"出场动画"，也会自动将其取消。

同时，在设置了"循环动画"后，界面下方的"动画时长"滑动条将更改为"动画速度"滑动条，如图16所示。

▲ 图 13　　　　▲ 图 14

▲ 图 15

▲ 图 16

提示

　　应该通过视频的风格和内容来选择合适的文字动画。比如当制作"日记本"风格的Vlog视频时，如果文字标题需要长时间出现在画面中，那么就适合使用"循环动画"中的"轻微抖动"或者"调皮"效果，既避免了画面死板，又不会因为文字动画幅度过大而影响视频表达。一旦选择了与视频内容不相符的文字动画效果，则很可能让观赏者的注意力难以集中到视频本身。

利用文字动画制作"打字"效果

很多视频的标题都是通过"打字"效果进行展示的。这种效果是利用文字入场动画与音效相配合实现的。下面通过一个简单的实例教学，来讲解文字添加动画效果的操作方法。

❶ 首先选择希望制作"打字"效果的文字，并添加"入场动画"分类下的"打字机Ⅰ"动画，如图17所示。

❷ 依次点击界面下方的"音频"和"音效"按钮，为其添加"机械"分类下的"打字声"音效，如图18所示。

❸ 为了让"打字声"音效与文字出现的时机相匹配（文字在视频一开始就逐渐出现），所以适当减少"打字声"音效的开头部分，从而音效也会在视频开始时就出现，如图19所示。

▲ 图 17　　▲ 图 18　　▲ 图 19

❹ 接下来要让文字随着"打字声"音效逐渐出现，所以要调节文字动画的速度。再次选择文本轨道，点击界面下方的"动画"按钮，如图20所示。

▲ 图 20　　▲ 图 21

❺ 适当增加动画时间，并反复试听，直到最后一个文字出现的时间点与"打字声"音效结束的时间点基本一致即可。对于本案例而言，当"入场动画"时长设置为1.6秒时，与"打字声"音效基本匹配，如图21所示。至此，"打字"效果即制作完成。

让视频自己会说话

通过"文本朗读"功能为文字配音

读者在刷抖音时肯定听到过一个熟悉的女声，这个声音在很多教学类、搞笑类、介绍类短视频中都很常见。有些人会以为是进行配音后再做变声处理实现的。其实没有那么麻烦，只需利用"朗读文本"功能就可以轻松实现。

❶ 选中已经添加好的文本轨道，点击界面下方的"文本朗读"按钮，如图22所示。

❷ 在弹出的选项中，可以选择喜欢的音色。大家在抖音中经常听到的正是"小姐姐"音色，如图23所示。简单两步，视频中就会自动出现所选文本的语音。

❸ 选择"应用到全部文本"复选框，让其他文本轨道也会自动生成语音。但这时会出现一个问题，相互重叠的"文本"轨道导出的语音也会互相重叠。此时切记不要调节"文本"轨道，而是要点击界面下方的"音频"按钮，从而看到已经导出的各条"语音"轨道，如图24所示。

◬ 图 22

◬ 图 23

◬ 图 24

❹ 只需让"语音"轨道彼此错开，就可以解决语音相互重叠的问题，如图25所示。

❺ 如果希望实现视频中没有文字，但依然有"小姐姐"音色的语音，可以通过以下两种方法实现。

方法一：在生成语音后，将相应的"文本"轨道删掉即可。

方法二：在生成语音后，选中"文本"轨道，点击"样式"按钮，并将"透明度"设置为0%即可，如图26所示。

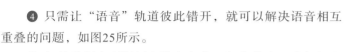

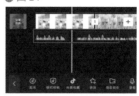

◬ 图 25

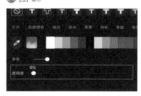

◬ 图 26

文艺感十足的文字镂空开场

文字镂空开场既可以展示视频标题等其他文字信息，又可以让画面显得文艺感十足，是制作微电影、Vlog等视频常用的开场方式。

制作文字镂空开场的重点在于，利用关键帧制作文字缩小效果，再利用蒙版及合适的动画制作"大幕拉开"的效果。

步骤一：制作镂空文字效果

首先需要实现镂空文字效果，具体操作方法如下。

❶ 点击"开始创作"按钮后，添加"素材库"中的"黑场"素材，如图27所示。

❷ 点击界面下方的"文字"按钮后添加文本，注意设置文字的颜色为白色，然后将文字调整到画面中间位置，效果如图28所示。

❸ 截屏当前画面，并将文字部分使用手机中的截图工具以16∶9的比例进行裁减并保存，从而得到镂空文字的图片，如图29所示。

⚠ 图27

⚠ 图28

⚠ 图29

❹ 退出剪映并点击"开始创作"按钮，导入准备好的视频素材，如图30所示。

❺ 点击界面下方的"画中画"按钮，如图31所示，将保存好的文字图片导入。

❻ 导入文字图片后，不要调整其位置。点击界面下方"混合模式"按钮，如图32所示，选择"变暗"模式，即可实现文字镂空效果，如图33所示。

◇ 图 30　　　　　◇ 图 31　　　　　◇ 图 32　　　　　◇ 图 33

步骤二：制作文字逐渐缩小的效果

接下来，需要实现让被放大的开场文字逐渐缩小至正常大小，具体操作方法如下。

❶ 在不改变文字图片位置的情况下放大该图片，并将时间轴调整到文字图片的起点，点击轨道上方的 ◇ 图标，添加关键帧，如图34所示。

❷ 再将时间轴移动到希望文字恢复正常大小的时间点，此处选择为视频播放后3秒。选中视频轨道，点击界面下方的"分割"按钮，如图35所示。

❸ 选择文字图片轨道，将其末端与分割后的第一段视频素材对齐，并调整该图片大小至刚好覆盖视频素材，此时剪映会自动再添加一个关键帧，从而实现文字逐渐缩小的效果，如图36所示。

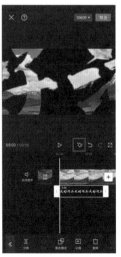

◇ 图 34

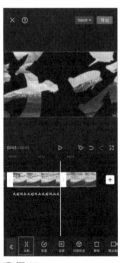

◇ 图 35

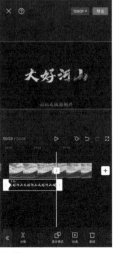

◇ 图 36

> **提示**
>
> 　　在该步骤中，第2步和第1步的顺序可以互换，不影响制作效果。另外，将时间轴移动到某个已添加的关键帧时，原来的"增加关键帧"工具将自动转变为"去掉关键帧"工具。

步骤三：为文字图片添加蒙版

为了让文字呈现出"大幕拉开"的效果，需要添加"线性蒙版"，具体操作方法如下。

❶ 选中之前进行关键帧处理的文字图片并复制，如图37所示。

❷ 移动时间轴至复制图片的关键帧，再次点击关键帧图标，取消复制文字图片的关键帧（首尾共两个），如图38所示。

❸ 选中复制的文字图片，点击界面下方的"蒙版"按钮，如图39所示。

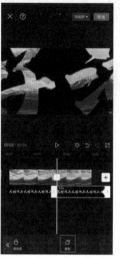
△ 图 37

△ 图 38

△ 图 39

❹ 选择线性蒙版，此时下半部的文字已经消失，如图40所示。

❺ 复制刚刚添加了蒙版的文字图片，并将复制后的图片移动到其下方，并对齐两端，如图41所示。

❻ 选中上一步中复制的文字图片，再次单击"蒙版"按钮，并点击左下角的"反转"按钮，得到的画面效果如图42所示。

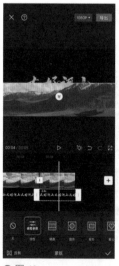
△ 图 40

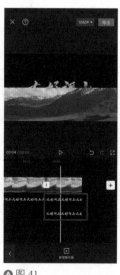
△ 图 41

△ 图 42

步骤四：实现"大幕拉开"动画效果

利用线性蒙版将文字图片分为"上下"两部分后，就可以添加动画实现"大幕拉开"效果，具体操作方法如下。

❶ 选中轨道位置在上方的文字图片，点击"动画"选项，如图43所示。

❷ 点击"出场动画"按钮。如图44所示。

❸ 选择"向上滑动"动画，并将动画时长拉满，如图45所示。

❹ 选择轨道位置在下方的文字图片，其操作与上方文字图片几乎完全一致，唯一的区别是选择"向下滑动"动画，如图46所示。最后再添加一首与视频素材内容相匹配的背景音乐，即可完成"文字镂空开场"动画的制作。

◊ 图43

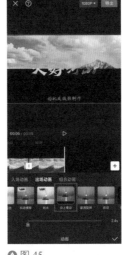

◊ 图45

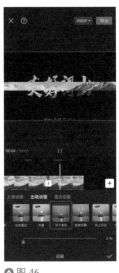

◊ 图46

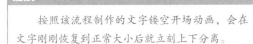

◊ 图44

提示

按照该流程制作的文字镂空开场动画，会在文字刚刚恢复到正常大小后就立刻上下分离。

但如果想让正常大小的镂空文字图片效果持续一段时间，再呈现"大幕拉开"效果该如何进行操作呢？

其实只需将分割的第一段视频素材向右侧拉动，拉动的时长就是镂空文字保持正常大小的时长。

然后将两层添加蒙版的图片轨道向右移动，与分割后的第二段视频素材对齐，如图47所示。

最后将添加了关键帧的文字图片也相应地向右拉动，与视频素材对齐即可，如图48所示。

◊ 图47

◊ 图48

第 4 章

通过音乐让视频更精彩

音乐在视频中的作用

如果没有音乐，只有动态的画面，视频就会给人一种"干巴巴"的感觉。所以，为视频添加背景音乐是很多视频后期的必要操作。

烘托视频情绪

有的视频画面很平静、淡然，有的视频画面很紧张、刺激。为了让视频的情绪更强烈，让观众更容易被视频的情绪感染，添加音乐是一个关键步骤。

在剪映中有多种不同分类的音乐，如"舒缓""轻快""可爱""伤感"等，就是根据"情绪"进行分类，从而让读者可以根据视频的情绪，快速找到合适的背景音乐，如图1所示。

▲ 图1

为剪辑节奏打下基础

剪辑的一个重要作用就是控制不同画面出现的节奏，而音乐同样也有节奏。当每一个画面转换的时刻点均为音乐的节拍点，并且转换频率较快时，就是非常流行的"音乐卡点"视频。

需要强调的是，即便不是为了特意制作"音乐卡点"效果，在画面转换时如果与其节拍相匹配，也会让视频的节奏感更好。

为视频添加音乐的方法

提示

在添加背景音乐时，也可以点击视频轨道下方的"添加音乐"选项，与点击"音频"选项的作用是相同的，如图2所示。

直接从剪映"音乐库"中添加音乐

使用剪映为视频添加音乐的方法非常简单，只需以下三步即可。

❶ 在不选中任何视频轨道的情况下，点击界面下方的"音频"按钮，如图3所示。

❷ 然后点击界面下方的"音乐"选项，如图4所示。

❸ 接下来可以在界面上方，从各个分类中选择希望使用的音乐，或者在搜索栏中输入某个音乐名称。也可以在界面下方从"推荐音乐"或者"我的收藏"中选择音乐。

点击音乐右侧的"使用"按钮，即可将其添加至音频轨道，点击☆图标，即可将其添加到"我的收藏"分类下，如图5所示。

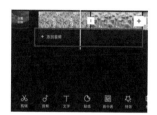

▲ 图2

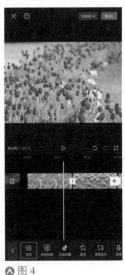

⚠ 图3　　　　　　　⚠ 图4　　　　　　　⚠ 图5

利用"提取音乐"功能使用不知道名字的BGM

如果在一些视频中听到了自己喜欢的背景音乐，但又不知道其名字，可以通过"提取音乐"功能将其添加到自己的视频中。具体操作方法如下。

❶ 首先要准备好具有该背景音乐的视频，然后依次点击界面下方的"音频""提取音乐"按钮，如图6所示。

❷ 选中已经准备好的、具有好听背景音乐的视频，点击"仅导入视频的声音"按钮，如图7所示。

❸ 提取出的音乐即会在时间线的音频轨道上出现，如图8所示。

⚠ 图6　　　　　　　⚠ 图7　　　　　　　⚠ 图8

为视频进行"配音"并"变声"

在视频中，除了可以添加音乐，有时也需要加入一些语言来辅助表达。剪映不但具备配音功能，还可以对语音进行变声，从而制作出更有趣的视频，具体操作方法如下。

❶ 如果在前期录制视频时录下了一些杂音，那么在配音之前，需要先将原视频声音关闭，否则会影响配音效果。选中这段待配音的视频后，点击界面下方的"音量"按钮，并将其调整为0，如图9所示。

❷ 点击界面下方的"音频"按钮，选择"录音"功能，如图10所示。

❸ 按住界面下方的红色按钮，即可开始录音，如图11所示。

△ 图9

△ 图10

△ 图11

❹ 松开红色按钮，即可完成录音，其音轨如图12所示。

❺ 选中录制的音频轨道，点击界面下方的"声音效果"按钮，如图13所示。

❻ 选择喜欢的声音效果即可完成变声，如图14所示。

△ 图12

△ 图13

△ 图14

利用音效让视频更精彩

观众在欣赏视频时，当出现与画面内容相符的音效时，会大大增加视频的代入感，会更有沉浸感。剪映中自带的"音效库"也非常丰富，下面具体介绍音效的添加方法。

❶ 依次点击界面下方"音频""音效"按钮，如图15所示。

❷ 点击界面中不同的音效分类，如综艺、笑声、机械等，即可选择该分类下的音效。点击音效右侧的"使用"按钮，即可将其添加至音频轨道，如图16所示。

❸ 或者直接搜索希望使用的音效，如"电视故障"，与其相关的音效就都会显示在画面下方。从中找到合适的音效，点击右侧的"使用"按钮即可，如图17所示。

⚠ 图 15

⚠ 图 16

⚠ 图 17

❹ 移动时间轴，找到与音效相关画面（"电视故障"效果）的起始位置，并将音效与时间轴对齐，如图18所示。

❺ 由于音效不是立刻就会"有声音"，所以往往需要将音效向左侧移动一点，从而让画面与音效完美匹配。至于要向左移动多少，则需要根据实际情况进行试听来判断。在本案例中，"电视故障"音效位置如图19所示。

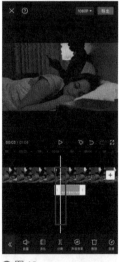
⚠ 图 18

⚠ 图 19

对音量进行个性化调整

单独调节每个音轨的音量

为一段视频添加了背景音乐、音效或配音后，在时间线中就会出现多条音频轨道。为了让不同的音频更有层次感，需要单独调节其音量，具体操作方法如下。

❶ 选中需要调节音量大小的轨道，此处选择的是背景音乐轨道，并点击界面下方的"音量"按钮，如图20所示。

❷ 滑动"音量条"，即可设置所选音频的音量。默认音量为"100"，此处适当降低背景音乐的音量，将其调整为46，如图21所示。

❸ 接下来选择"音效"轨道，并点击界面下方的"音量"按钮，如图22所示。

⚠ 图 20

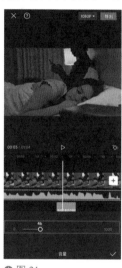

⚠ 图 21

⚠ 图 22

❹ 适当增加"音效"的音量，此处将其调节为150，如图23所示。

通过此种方法即可实现单独调整音轨音量，并让声音具有明显的层次感。

❺ 需要强调的是，不但每个音频轨道可以单独调整音量大小，如果视频素材本身就有声音，那么在选中视频素材后，同样可以点击界面下方的"音量"按钮来调节声音大小，如图24所示。

⚠ 图 23

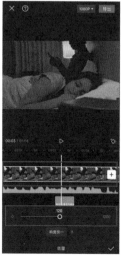

⚠ 图 24

设置"淡入"和"淡出"效果

"音量"的调整只能整体提高或者降低音频声音的大小，无法形成由弱到强或由强到弱的变化。如果想实现音量的渐变，可以为其设置"淡入"和"淡出"效果。

❶ 选中一段音频，点击界面下方的"淡化"按钮，如图25所示。

❷ 通过"淡入时长"和"淡出时长"滑动条，即可分别调节音量渐变的持续时间，如图26所示。

绝大多数情况下，都是为背景音乐添加"淡出"与"淡入"效果，从而让视频的开始与结束均有一个自然的过渡。

⚠ 图25

⚠ 图26

> **提示**
>
> 除了通过"淡入"与"淡出"营造音量渐变效果，也可以通过为音频轨道添加键帧的方式，来更加灵活地调整音量渐变效果。

制作音乐卡点视频实例教学

❶ 音乐卡点视频的画面切换速度往往很快，因此，所选择的素材往往是静态图片，而不是视频。再通过添加转场、特效等，让图片"动起来"。在剪映中导入制作音乐卡点视频的多张图片，并点击界面下方的"音频"按钮，如图27所示。

❷ 点击界面下方的"音乐"按钮，如图28所示。

❸ 在音乐分类中选择"卡点"选项，此类音乐的节奏感往往很强，如图29所示。

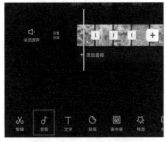
⚠ 图27

⚠ 图28

⚠ 图29

❹ 确定所选音乐后，点击右侧的"使用"按钮，如图30所示。

❺ 选中添加的视频轨道，点击界面下方的"节拍"按钮，如图31所示。

❻ 打开界面左侧的"自动踩点"开关，选择合适的踩点速度，会在音频轨道上出现"节拍点"。其中踩点速度"快"要比"慢"显示更多节点，如图32所示。

⬆ 图 30

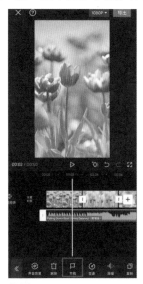

⬆ 图 31

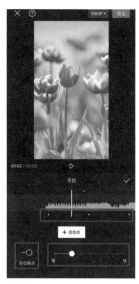

⬆ 图 32

❼ 将每段素材的两端与"黄色节拍点"对齐，如图33所示。

❽ 虽然画面会根据音乐的节奏进行交替，但效果依然比较单调，建议增加转场、特效及动画等。需要注意的是，有些转场效果会让画面出现渐变，并且在视频轨道上出现如图34所示的"斜线"。此时为了让"卡点"效果更为明显，可调节轨道长度，使斜线前端与音频的"黄色节拍点"对齐。

至此，一个最基本的音乐卡点视频就制作完成了。

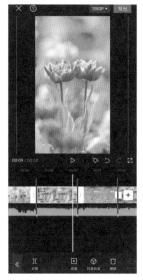

⬆ 图 33

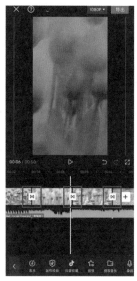

⬆ 图 34

避免出现视频"黑屏"的方法

制作视频时，可能会遇到这种情况：明明视频已经"结束"了，却依然有音乐声，并且画面是全黑的。之所以会造成这种情况，是因为添加背景音乐后，音乐轨道比视频轨道长的缘故。按照以下方法进行处理即可避免该问题。

❶ 将时间轴移动到视频末尾稍稍靠左侧一点的位置，并选中音频轨道，如图35所示。

❷ 点击界面下方的"分割"按钮，选中时间轴右侧的音频（多余的音频轨道），然后点击"删除"按钮，如图36所示。

❸ 删除多余的音频轨道后，视频轨道与音频轨道的长度关系如图37所示。注意，每次剪辑视频时，最后都应该让音乐轨道比视频轨道短一点，从而避免出现视频最后"黑屏"的情况。

⚠ 图35

⚠ 图36

⚠ 图37

第 5 章

为视频添加酷炫转场和特效

认识转场

一个完整的视频通常由多个镜头组合而成，而镜头与镜头之间的衔接就被称为"转场"。

一个合适的转场效果，可以令镜头之间的衔接更加流畅、自然。同时，不同的转场效果也有其独特的视觉语言，从而传达出不同的信息。另外，部分"转场"方式还能够形成特殊视觉效果，让视频更吸引人。

对于专业的视频制作而言，在拍摄前就应该确定如何转场。如果两个画面间的转场需要通过前期的拍摄技术来实现，称为"技巧性转场"；如果两个画面间的转场仅仅依靠其内在的或外在的联系，而不使用任何拍摄技术，则称为"非技巧性转场"。

需要注意的是，"技巧性转场"与"非技巧性转场"没有高低优劣之分，只有适合与不适合之分。其实在影视剧创作中，绝大部分转场均为"非技巧性转场"，即依赖于前后画面的联系进行转场。所以无论"技巧性转场"还是"非技巧性转场"，在前期拍摄时就已经打好了基础。后期剪辑时，只需将其衔接在一起即可。

但对于普通的视频制作者而言，在拍摄能力不足的情况下，又想实现一些比较酷炫的"技巧性转场"，就需要用到"剪映"中丰富的"转场效果"，直接点击两个视频片段的衔接处就可以添加。下面介绍使用剪映添加转场效果的具体操作方法。

使用剪映添加转场的方法

如前所述，添加"转场效果"的重点在于要让其与画面内容匹配，这样才能起到让两个视频片段衔接自然的目的。添加转场的操作方法如下。

❶ 将多段视频导入剪映后，点击每段视频之间的 | 图标，即可进入转场编辑界面，如图1所示。

❷ 由于第一段视频的运镜方式为"拉镜头"，为了让衔接更自然，所以选择一个同样为"拉镜头"的转场效果。选择"运镜"选项卡，然后选择"拉远"转场效果。

通过界面下方的"转场时长"滑动条，可以设定转场的持续时间。并且每次更改设定时，转场效果都会自动在界面上方显示。

转场效果和时间都设定完成后，点击右下角的"√"按钮即可；若点击左下角的"全局应用"按钮，即可将该转场效果应用到所有视频的衔接部分，如图2所示。

❸ 由于第二段视频为近景，第三段视频是特写，所以在视觉感受上，是一种由远及近的递进规律，因此更适合选择"推镜头"这种运镜转场方式。

在"运镜转场"选项卡中选择"推近"转场效果，并适当调整"转场时长"，如图3所示。

⋀ 图1　　　　　　　　　　　　⋀ 图2　　　　　　　　　　　　⋀ 图3

制作文字遮罩转场效果

　　在前期拍摄时，如果没有为后期剪辑打下制作酷炫转场效果的基础，又不想仅仅局限于剪映提供的这些"一键转场"。那么通过视频后期技术，也可以制作出一些比较震撼的转场效果。本案例中将介绍文字遮罩转场效果的制作方法。

　　这种转场效果中，画面中的文字将逐渐放大，直至填充整个画面。由于"文字内"是另一个视频片段的场景，因此能够实现两个画面间的转换。下面将讲解"文字遮罩"转场效果的后期方法。

步骤一：让文字逐渐放大至整个画面

　　首先确定画面中用来"遮罩转场"的文字，然后再让文字出现逐渐放大至整个画面的效果，具体操作方法如下。

❶ 导入一张纯绿色的图片，并将比例调整为16：9，如图4所示。

❷ 整个文字遮罩转场效果需要持续多长时间，就将该绿色图片拉到多长。该案例中，将其拉长到8秒，如图5所示。

❸ 添加用来"遮罩转场"的文字，一般为该视频的标题，并将该文字设置为红色，如图6所示。

⚠ 图4

⚠ 图5

⚠ 图6

❹ 将时间轴移动到轨道最左侧，点击■图标添加关键帧，如图7所示。

❺ 在4秒往右一些的位置再添加一个关键帧，并在此处将文字放大至如图8所示的状态。

❻ 将时间轴移动到素材轨道的末尾，再添加一个关键帧，在该处将文字继续放大，直至红色充满整个画面，如图9所示。接下来点击右上角的"导出"按键，将其保存在相册中。

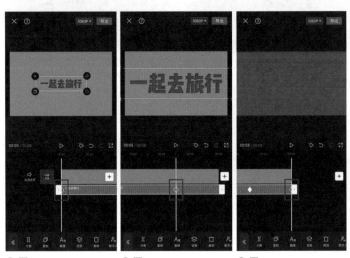
⚠ 图7　　　　⚠ 图8　　　　⚠ 图9

提示

> 之所以需要在4秒之后添加一个关键帧，目的是让文字"变大"的速度具有变化。如果没有这个关键帧，文字从初始状态放大到整个画面的过程是匀速的，很容易让观众感到枯燥。另外，在添加了第一个关键帧后，剩余两个关键帧也可以不手动添加。移动时间轴到需要添加关键帧的位置，然后直接放大文字，剪映会自动在时间轴所在位置添加关键帧。

步骤二：让文字中出现画面

既然要制作"转场"效果，必然有两个视频片段。接下来要让文字中出现转场后的画面，具体操作方法如下。

❶ 导入转场之后的视频素材，如图10所示。

❷ 点击界面下方的"调节"按钮，并提高"亮度"数值，让画面更明亮，然后调节比例至16∶9，如图11所示。

之所以进行这一步处理，是因为在该效果中，只有使文字内的画面与文字外的画面有一定的明暗对比，才会更精彩。在此处提高画面亮度，就是为了增加与转场前画面的明暗反差。

❸ 点击界面下方的"画中画"按钮，继续点击"新增画中画"按钮，将之前制作好的文字视频导入剪映中，如图12所示。

⬆ 图 10

⬆ 图 11

⬆ 图 12

❹ 调整绿色背景的文字素材，使其充满整个画面，如图13所示。

❺ 选中文字素材，点击界面下方"抠像"按钮中的"色度抠像"，如图14所示。

❻ 将取色器移动到"红色文字"范围，提高"强度"数值，将红色的文字抠掉，从而使文字中出现画面，如图15所示。

❼ 点击界面右上角的"导出"按钮，将该视频保存至相册中，如图16所示。

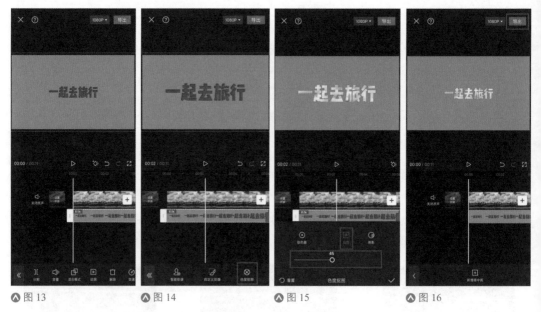

▲ 图13   ▲ 图14   ▲ 图15   ▲ 图16

步骤三：呈现文字遮罩转场效果

可以将之前的两个步骤看成是制作素材，接下来制作"文字遮罩"的转场效果，具体操作方法如下。

❶ 将转场前的视频素材导入剪映中，如图17所示。

❷ 点击界面下方"比例"按钮，选择"16∶9"选项，并使素材填充整个画面，如图18所示。

❸ 将"步骤二"中制作好的视频素材以"画中画"的方式导入剪映中，并调整大小，使其填充整个画面，如图19所示。

▲ 图17

▲ 图18

▲ 图19

❹ 选中画中画轨道素材，点击界面下方"抠像"按钮中的"色度抠像"，并将取色器选择到绿色区域，如图20所示。

❺ 提高"强度"数值，即可将绿色区域完全抠掉，从而显示出转场前的画面，如图21所示。

❻ 将时间轴移至末尾，将主视频轨道与画中画轨道素材的长度统一，如图22所示。此处只需保证主视频轨道素材比画中画轨道素材短即可。

至此，"文字遮罩"转场效果就已经制作完成了，将其导出保存至相册中即可。接下来对该效果进行润饰，从而在9∶16的比例下呈现出更佳效果。

⚠ 图20　　　⚠ 图21

⚠ 图22

提示

　　如果觉得文字放大的速度过快或者过慢，可以选中画中画轨道，然后点击界面下方的"变速"按钮，精确调节文字遮罩转场的速度。

步骤四：对画面效果进行润饰

最后，对画面进行润饰，从而使转场效果更精彩，具体操作方法如下。

❶ 将之前制作好的视频再次导入剪映中，并将其比例调整为"9∶16"，从而更适合在抖音或者快手平台发布，如图23所示。

❷ 点击界面下方的"背景"按钮，选择"画面模糊"选项，添加一种背景效果，如图24所示。

❸ 点击界面下方的"音频"按钮，为其添加背景音乐，此处选择"商用音乐"选项"旅行"分类下的"No strings violin (1177734)"音乐，如图25所示。

△ 图 23

△ 图 24

△ 图 25

❹ 通过试听发现转场后正好有一个明显的低音节拍点，所以在该节拍点处添加特效。这里添加"自然"分类下"晴天光线"特效，如图26所示。

至此，"文字遮罩"转场效果就制作完成了。

△ 图 26

为何不直接在步骤三中将比例改为"9：16"并添加模糊背景呢？

原因在于，模糊背景均是"以主视频轨道画面"为基准进行画面模糊。而在步骤三中，主视频轨道始终为转场前的画面，这就导致转场后的画面出现时，背景依旧是转场前的背景，画面的割裂感会非常强，如图27所示。

但将视频以"16：9"的比例导出后，再导入剪映添加背景时，转场前后的画面均位于主视频轨道了，这就会使得背景可以与视频融为一体，从而大大提升画面美感，如图28所示。

△ 图 27

△ 图 28

特效对于视频的意义

剪映中拥有非常丰富的特效，很多初学者往往只是单纯地利用特效让画面显得更炫酷。当然，这只是特效的一个重要作用，但特效对于视频的意义绝不仅仅如此，它还可以让视频具有更多的可能。

利用特效突出画面重点

一个视频中往往会有几个画面需要进行重点突出，如运动视频中最精彩的动作，或者是带货视频中展示产品时的画面等。单独为这部分画面添加"特效"后，可以与其他部分在视觉效果上产生强烈的对比，从而起到突出视频中关键画面的作用。

利用特效营造画面氛围

对于一些需要突出情绪的视频而言，与情绪相匹配的画面氛围至关重要。而一些场景在前期拍摄时可能没有条件去营造适合表达情绪的环境，那么通过后期添加特效来营造环境氛围则成为一种有效的替代方案。

利用特效强调画面节奏感

让画面形成良好的节奏是后期剪辑最重要的目的之一。有些比较短促、具有爆发力的特效，可以让画面的节奏感更为突出。而利用特效来突出节奏感还有一个好处，就是可以让画面在发生变化时更具观赏性。

使用剪映添加特效的方法

❶ 点击界面下方的"特效"按钮，如图29所示。

❷ 根据效果的不同，剪映将特效分成了不同类别。点击一种类别，即可从中选择希望使用的特效。选择某种特效后，预览界面则会自动播放添加此特效的效果。此处选择"画面特效"中"基础"分类下的"开幕"特效，如图30所示。

❸ 在编辑界面下方，即出现"开幕"特效的轨道。按住该轨道，即可调节其位置；选中该轨道，拉动左侧或右侧的"白边"，即可调节特效作用范围，如图31所示。

❹ 如果需要继续增加其他特效，在不选中任何特效的情况下，点击界面下方的"画面特效"按钮即可，如图32所示。

> **提示**
>
> 添加特效后，如果切换到其他轨道进行编辑，特效轨道将被隐藏。如需再次对特效进行编辑，点击界面下方的"特效"按钮即可。

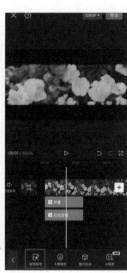

⚠ 图 29　　　　　　⚠ 图 30　　　　　　⚠ 图 31　　　　　　⚠ 图 32

用特效营造视频氛围——漫画变身教程

本节将通过"漫画变身"效果的实操案例让读者更好地理解特效的作用。在"漫画变身"效果中，最主要的看点就是从现实中的人物变身为漫画效果的瞬间。为了让这一瞬间更加突出，需要利用特效来营造缤纷烂漫的氛围。下文将讲解"漫画变身"效果的后期制作方法，要特别注意添加特效后对视频效果的影响。

步骤一：导入图片素材并确定背景音乐

由于该变身效果的转折点是根据背景音乐确定的，所以在导入图片素材后就应该确定背景音乐，具体操作方法如下。

❶ 导入图片素材，并选择合适的背景音乐，此案例的背景音乐为提前录制好的音乐"K歌音乐—白月光与红砂痣"，如图33所示。

❷ 确定所用音乐的范围，截去前、后不需要的部分。选中背景音乐后，点击界面下方的"踩点"按钮，找到音乐节奏的转折点，并手动添加标记，如图34所示。通过此操作可确定"变身"瞬间的位置。

❸ 将图片素材的末端与刚刚标出的音乐节奏点对齐，如图35所示。

提示

对于需要跟随音乐节拍产生画面变化的视频而言，往往需要首先确定背景音乐，并标出其节奏点。因为在后续的处理中，几乎所有视频片段的剪辑及特效、动画、文字等时长，都需要根据音乐的节拍来确定。

大多数从剪映中直接使用的音乐，都可以使用"自动踩点"功能。

但如果导入的是本地音乐，或者提取的其他视频的音乐，则只能手动添加节拍点。需要注意的是，部分音乐的自动踩点并不准确，此时就需要手动添加。另外，对于本案例这种只需要添加少量节拍点的视频而言，手动添加也更为方便，因为可以省去删除其他无用节拍点的时间。

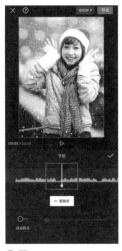

 图 33　　　　　　　　图 34　　　　　　　　图 35

步骤二：实现漫画变身并选择合适的转场效果

接下来开始制作变身效果，并选择合适的转场效果使变身前后的衔接更流畅，具体操作方法如下。

❶ 选中图片素材轨道，并点击"复制"按钮，如图36所示。然后将复制的图片素材末端与音乐末端对齐。此处复制得到的图片素材轨道，即为变身成漫画的部分。

❷ 选中复制得到的图片素材片段，点击界面下方的"抖音玩法"按钮，添加"人像风格"分类下的"港漫"变身效果，如图37所示。

❸ 为前后两个图片素材片段添加"逆时针旋转"转场效果，并调节"转场时长"为0.5秒，如图38所示。

❹ 拉动第一段图片素材的末端，使转场效果开始的位置与节拍点对齐，实现精准"卡点"变身，如图39所示。

图 36　　　　　　图 37　　　　　　图 38　　　　　　图 39

步骤三：添加特效营造氛围让变身效果更精彩

分别为变身前及变身后的素材添加特效，让画面更好地吸引观众，具体操作方法如下。

❶ 点击界面下方的"特效"按钮，为变身前的图片素材片段添加"基础"分类下的"粒子模糊"特效，如图40所示。并将该特效的开头拖到最左侧，将结尾与节拍点对齐。

❷ 为变身后的图片素材片段添加"Bling"分类中的"闪闪"特效，如图41所示。并将该特效的开头对齐到转场效果的中心位置，结尾与视频结尾对齐。

▲ 图40

❸ 继续为变身后的图片素材片段添加"Bling"分类中的"星辰I"特效，如图42所示。位置与"闪闪"特效对齐即可。

以上三个特效的关键位置如图43所示。

▲ 图41

▲ 图42

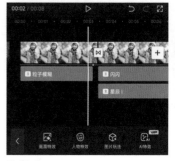

▲ 图43

提示

在同一段视频中叠加、组合多种特效，可以实现更独特的画面效果，而不要局限在"一段视频只能加一种特效"的思维定式中。另外，读者也不要拘泥于该案例中所选择的特效，建议多尝试不同的特效，从而营造出更精彩的效果。

步骤四：添加动态歌词字幕丰富画面

为了让画面内容更为丰富，并且与歌词相呼应，下面将制作动态歌词效果，具体操作方法如下。

❶ 依次点击界面下方的"文本"和"新建文本"按钮，输入歌词"白月光在照耀 你才想起她的好"，如图44所示。

❷ 调整文本开头，使其对齐节拍点，将文本结尾对齐视频结尾，调整字体为"拼音体"。然后点击"样式"下方的"排列"按钮，适当增加"字间距"和"行间距"，如图45所示。

❸ 选中文字后点击"动画"按钮，为其添加名为"收拢"的"入场动画"，并将时长拉到最长，如图46所示。

◆ 图 44

◆ 图 45

◆ 图 46

用特效突出视频节奏——花卉拍照音乐卡点视频

一些持续时间较短、比较有"爆发力"的特效，配合音乐的节拍，可以让视频的节奏感更强。在"花卉拍照音乐卡点视频"这个案例中，就利用了一种特效来强化"卡点"效果。

步骤一：添加图片素材并调整画面比例

将图片素材添加至视频轨道，并设置画面比例为"9∶16"，以适合在抖音或者快手中用竖屏观看，具体操作方法如下。

❶ 选择准备好的图片素材，并点击界面右下角的"添加"按钮，如图47所示。

❷ 点击界面下方的"比例"按钮，如图48所示，并设置为"9∶16"。

❸ 依次点击界面下方的"背景"和"画布模糊"按钮，并选择一种模糊样式，如图49所示。此步可以让画面中的黑色区域消失，起到美化画面的目的。

◆ 图 47

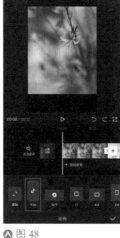

◆ 图 48

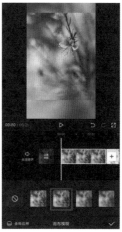

◆ 图 49

步骤二：实现"音乐卡点"效果

所谓"音乐卡点"，其实就是让图片变换的时间点正好是音乐的节拍处。所以只需标出音乐节拍，并将上一张图片的结尾及下一张图片的开头对齐节奏点即可，具体操作方法如下。

❶ 点击界面下方的"音乐"按钮，添加具有一定节奏感的背景音乐，如图50所示。该案例中添加的背景音乐是提前录制好的本地音乐"K歌音乐—夏野的暗恋"。

❷ 选中音乐轨道，点击界面下方的"节拍"按钮，如图51所示。

❸ 开启"自动踩点"，即可自定义踩节拍速度。其中"慢"的节拍点密度较低，适合节奏稍缓的卡点视频；若"快"的节拍点密度较高，适合快节奏卡点视频。针对本案例的预期效果，在此处选择"稍慢"，如图52所示。

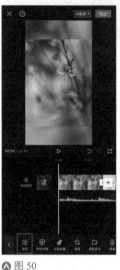
⚠ 图 50

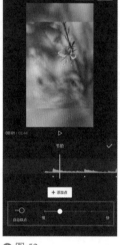
⚠ 图 51

⚠ 图 52

❹ 从第一张照片开始，选中其所在视频轨道后，拖动末尾"白框"靠近第一个节拍点。此时剪映会有吸附效果，从而将片段末尾与节奏点准确地对齐，如图53所示。

❺ 第二张图片的开头会自动紧接第一张图片的末尾，所以不需要手动调整其位置，如图54所示。

❻ 接下来只需将每一张图片的末尾与节奏点对齐即可，实现每两个节奏点之间一张图片的效果。至此，一个最基本的音乐卡点效果就制作完成了，如图55所示。

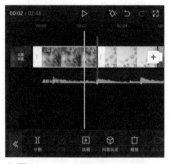
⚠ 图 53

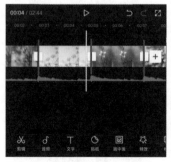
⚠ 图 54

⚠ 图 55

步骤三：添加音效和特效突出"节拍点"

如果只是简单地实现图片在节拍点处进行变换，视频并没有太多看点。因此，为了让在节拍处变换图片时的效果更突出，节奏感更强，需要利用音效和特效做进一步处理，具体操作方法如下。

❶ 依次点击界面下方的"音频"和"音效"按钮，为视频添加"机械"分类下的"拍照声3"，如图56所示。

❷ 仔细调整音效的位置，使其与图片转换的时间点完美契合。即拍照音效一响起，就变换成下一张照片。音效最终位置如图57所示。

❸ 选中添加后的音效，点击界面下方的"复制"按钮，并将其移动到下一个节奏点处，仔细调节位置，如图58所示。重复此步骤，在每一个节奏点处添加该音效，形成"拍照转场"效果。

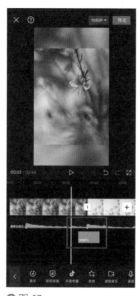
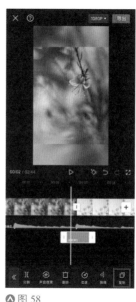

⚠ 图 56　　　　　　　⚠ 图 57　　　　　　　⚠ 图 58

❹ 点击界面下方的"特效"按钮，添加"氛围"分类下的"星火炸开"特效，如图59所示。该特效的"爆发力"较强，并且有点像"闪光灯"，与"拍照音效"相配合，在使拍照转场效果更为逼真的同时，营造更强的节奏感，使"卡点"效果更突出。

❺ 调节"星火炸开"特效的位置，使其与其中一段图片素材对齐，如图60所示。

❻ 复制该特效，调整位置，如图61所示。重复该操作，使得每一段图片素材都对应一段"星火炸开"特效。

提示

　　因为绝大多数音效的开头都有一段短暂的没有声音的区域，所以音效开头与节拍点对齐并不能实现声音与图片转换的完美契合。往往需要将音效往节拍点左侧移动一点，才能够匹配得更加完美。另外，音效也是可以进行分割的，所以可以根据需要，去掉音效中不需要的部分，使声音与画面更为匹配。

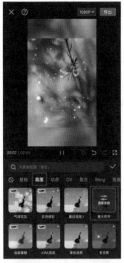
▲ 图 59

▲ 图 60

▲ 图 61

步骤四：添加动画和贴纸润色视频

接下来，通过添加贴纸为每一个视频片段设置动画，让视频更具动感，具体操作方法如下。

❶ 选中视频轨道中的第一个片段，点击界面下方的"动画"按钮，为其添加"放大"动画，并将时长拉到最右侧，如图62所示。该操作是为了让视频开头不显得那么生硬，形成一定的过渡。

❷ 为之后的每一个片段添加能够让节奏更紧凑的动画，如"轻微抖动""轻微抖动Ⅱ"等，并且控制动画时长不要超过0.5秒，从而让视频更具动感，如图63所示。

❸ 点击界面下方的"贴纸"按钮，搜索"相机"并添加一种相机贴纸。点击"文字"按钮，输入一段文字以丰富画面。本案例中输入的文字为"定格美好时光"，字体为"荔枝体"，并选择白色描边样式，如图64所示。

▲ 图 62

▲ 图 63

▲ 图 64

❹ 选中文字，点击界面下方的"样式"按钮，为文字添加"循环动画"中的"晃动"样式，并调整速度为1秒（文字放大的速度感觉适度即可，不用拘泥于数值），如图65所示。

❺ 点击界面下方的"贴纸"按钮，继续添加两种贴纸。分别搜索"Yeah"和"Hello"，选择如图66所示的贴纸即可。

❻ 贴纸的最终位置如图67所示，并将贴纸和文字轨道与视频轨道对齐，使其始终出现在画面中。

提示

由于第一张图片的显示时间比较长，所以笔者将其手动分割为两部分，并且也按照"步骤三"的方法为其添加了音效和特效，从而让视频开头部分也有较快的节奏。而"步骤四"中的第1步，其实就是为分割出来的开头片段添加动画效果。考虑到后期整体的逻辑完整性，所以并没有特意进行说明。

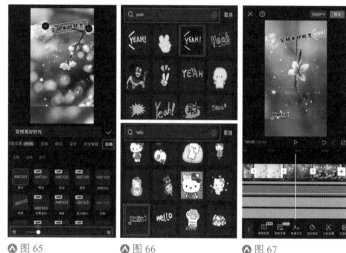

⚠ 图65　　　⚠ 图66　　　⚠ 图67

步骤五：对音频轨道进行最后处理

对音频轨道进行最后的处理，其实就是整个视频后期的收尾工作，具体操作方法如下。

❶ 选中音频轨道，拖动其最右侧的白框，使其对齐视频轨道的最末端，以防止出现画面黑屏、只有音乐的情况，如图68所示。

❷ 点击界面下方的"淡化"按钮，设置淡入及淡出时长，让视频开头与结尾能够自然过渡，如图69所示。

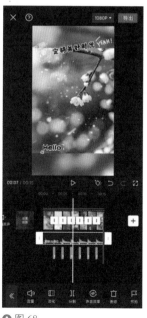

⚠ 图68

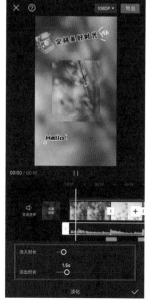

⚠ 图69

用特效让视频风格更突出——玩转贴纸打造精彩视频

虽说本案例的效果主要是利用贴纸实现的，但特效也在其中起到了重要作用。尤其是根据贴纸的特点选择特效，使视频的风格更为突出、统一。

步骤一：确定背景音乐并标注节拍点

既然视频的内容是随着歌词的变化而变化的，所以首先要确定使用的背景音乐，具体操作方法如下。

❶ 导入一张图片素材，依次点击界面下方的"音频"和"音乐"按钮，点击"导入音乐"选项，点击"本地音乐"按钮，找到提前录制好的音乐"K歌音乐—星星坠落"，点击"使用"按钮，添加至音频轨道，如图70所示。

❷ 试听背景音乐，确定需要使用的部分，将不需要的部分进行分割并删除。然后选中音频轨道，点击界面下方的"踩点"按钮，在每句歌词的第一个字出现时，手动添加节拍点，如图71所示。该节拍点即为后续添加贴纸和特效时，确定其出现时间点的依据。

❸ 选中图片素材，按住右侧白框向右拖动，使其时长略长于音频轨道，以保证视频播放到最后时不会出现黑屏的情况，如图72所示。

⚠ 图70

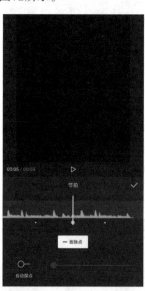

⚠ 图71

⚠ 图72

提示

手动添加节拍点时，如果有个别节拍点添加得不准确，可以将时间轴移动到该节拍点处。此时节拍点会变大，并且原本的"添加点"按钮会自动变为"删除点"按钮，点击该按钮，即可删除该节拍点并重新添加，如图73所示。

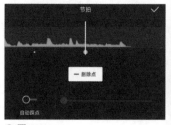

⚠ 图73

步骤二：添加与歌词相匹配的贴纸

为了实现歌词中唱到什么景物，就在画面中出现什么景物的贴纸这一效果，需要找到相应的贴纸，并且其出现与结束的时间点要与已经标注好的节拍点相匹配，然后添加动画进行润饰，具体操作方法如下。

❶ 点击界面下方的"比例"按钮，调节为"9：16"。然后点击"背景"按钮并设置"画布模糊"效果，如图74所示。

❷ 点击界面下方的"贴纸"按钮，根据歌词"摘下星星给你"，搜索"星星"贴纸，并选择红框内星星贴纸（也可根据个人喜好来添加），如图75所示。

❸ 调整星星贴纸大小和位置，并选中星星贴纸轨道，将其开头与视频开头对齐，将其结尾与标注的第一个节拍点对齐，如图76所示。

◈ 图 74

◈ 图 75

◈ 图 76

❹ 选中星星贴纸，点击界面下方的"动画"按钮。在"入场动画"中，为其选择"轻微放大"动画；在出场动画中，为其选择"向下滑动"动画；然后适当增加入场动画和出场动画时间，使贴纸在大部分时间都是动态的，如图77所示。

❺ 接下来根据下一句歌词"摘下月亮给你"添加"月亮"贴纸，搜索"月亮"贴纸，并选择红框内月亮贴纸（也可根据个人喜好进行添加），并调节其大小和位置，如图78所示。

❻ 选中月亮贴纸轨道，使其紧挨星星贴纸轨道，并将结尾与第二个节拍点对齐，如图79所示。

⚠ 图 77

⚠ 图 78

⚠ 图 79

⑦ 选中月亮贴纸轨道，点击界面下方的"动画"按钮，将"入场动画"设置为"向左滑动"，其余设置与"星星"贴纸动画相同，如图80所示。

⑧ 用上面的方法继续添加太阳贴纸，并确定其在贴纸轨道中所处的位置。添加太阳贴纸之后的界面如图81所示。

⑨ 由于歌词的最后一句是"你想要我都给你"，因此将之前的星星贴纸、月亮贴纸和太阳贴纸各复制一份，以并列三条轨道的方式，与最后一句歌词的节拍点对齐，并分别为其添加入场动画，确定贴纸显示位置和大小即可，如图82所示。

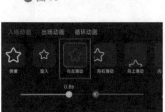

⚠ 图 80

⚠ 图 81

⚠ 图 82

步骤三：根据画面风格添加合适的特效

为了让画面中的"星星""月亮""太阳"更突出，选择合适的特效进行润色，具体操作方法如下。

❶ 点击界面下方的"特效"按钮，继续点击"画面特效"按钮，添加"Bling"分类中的"撒星星"特效，如图83所示。随后将该特效的开头与视频开头对齐，将结尾与第一个节拍点对齐，从而突出画面中的星星。

❷ 点击"画面特效"按钮，添加"Bling"分类中的"细闪"特效，如图84所示。添加该特效以突出月亮的白色光芒，将该特效开头与"撒星星"特效结尾相连，将该特效结尾与第二个节拍点对齐。

❸ 点击"画面特效"按钮，添加"光"中的"彩虹光晕"特效，如图85所示。该特效可以表现灿烂的阳光，将开头与"闪闪"特效结尾相连，将结尾与第三个节拍点对齐。

❹ 点击"画面特效"按钮，添加"爱心"中的"怦然心动"特效，如图86所示。该特效可以表达出对素材照片人物的爱，将开头与上一个特效结尾相连，将末尾与视频结尾对齐。

⌃ 图 83

⌃ 图 84

⌃ 图 85

⌃ 图 86

❺ 由于画面的内容是根据歌词进行设计的，笔者因此在这里还为其添加了动态歌词。字体选择"童趣体"，如图87所示，将"入场动画"设置为"收拢"，将动画时长拉到最右侧，如图88所示。文字轨道的位置与对应歌词出现的节点一致即可，如图89所示。

⌃ 图 87

⌃ 图 88

⌃ 图 89

第 6 章

为视频画面进行润色以增加美感

利用"调节"功能调整画面

"调节"功能的作用

调节功能的作用分别为调整画面的亮度和调整画面的色彩两点。在调整画面亮度时，除了可以调节明暗，还可以单独对画面中的亮部（如图1所示）和暗部（如图2所示）进行调整，从而使视频的影调更细腻、更有质感。

由于不同的色彩具有不同的情感，所以通过"调节"功能改变色彩能够表达出视频制作者的主观思想。

利用"调节"功能制作小清新风格视频

◆ 图1 ◆ 图2

❶ 将视频导入剪映后，向右滑动界面下方的选项栏，在最右侧可找到"调节"按钮，如图3所示。

❷ 首先利用"调节"选项中的工具调整画面亮度，使其更接近小清新风格。点击"亮度"按钮，适当提高该参数，让画面显得更"阳光"，如图4所示。

❸ 接下来点击"高光"按钮，并适当提高该参数。因为在提高亮度后，画面中较亮的白色花朵表面细节有所减少，通过提高"高光"参数，恢复白色花朵的部分细节，如图5所示。

◆ 图3 ◆ 图4 ◆ 图5

❹ 为了让画面显得更为"清新"，需要让阴影区域不显得那么暗。点击"阴影"按钮，提高该参数，可以看到画面变得更加柔和了。至此，小清新风格照片的影调就确定了，如图6所示。

❺ 接下来对画面色彩进行调整。由于小清新风格的画面色彩饱和度往往偏低，所以点击"饱和度"按钮，适当降低该数值，如图7所示。

❻ 点击"色温"按钮，适当降低该参数，让色调偏蓝一点。因为冷调的画面可以传达出一种清新的视觉感受，如图8所示。

⚠ 图6

⚠ 图7

⚠ 图8

❼ 然后点击"色调"按钮，并向右滑动滑块，为画面增添一些绿色。

因为绿色代表着自然，与小清新风格照片的视觉感受相一致，如图9所示。

❽ 再通过提高"褪色"参数，营造"空气感"。至此画面就具有了强烈的小清新风格既视感，如图10所示。

⚠ 图9

⚠ 图10

⑨ 注意，此时小清新风格的视频还没有制作完毕。上文不止一次提到，只有"效果"轨道所覆盖的范围，才能够在视频上有所表现。而图11中紫色的轨道就是之前利用"调节"功能实现的小清新风格画面。

当时间轴位于紫色轨道内时，画面是具有小清新色调的，如图11所示；而当时间轴位于紫色轨道没有覆盖到的视频时，就恢复为原始色调了，如图12所示。

⑩ 因此，最后一定记得控制"效果"轨道，使其覆盖住希望添加效果的时间段。针对本案例，为了让整个视频都具有小清新色调，所以将紫色轨道覆盖整个视频，如图13所示。

▲ 图11   ▲ 图12   ▲ 图13

利用"滤镜"功能让色调更唯美

与"调节"功能需要仔细调节多个参数才能获得预期效果不同，利用"滤镜"功能可以一键调出唯美的色调。下面介绍具体的操作方法。

❶ 选中需要添加"滤镜"效果的视频片段，点击界面下方的"滤镜"按钮，如图14所示。

❷ 可以从多个分类下选择喜欢的滤镜效果。此处选择的为"复古胶片"分类下的"KE1"效果，让裙子的色彩更艳丽。通过红框内的滑动条，可以调节"滤镜强度"，默认为"80"，如图15所示。

此时，就对所选轨道添加了滤镜效果。

> **提示**
>
> 选中一个视频片段，再点击"滤镜"按钮为其添加第一个滤镜时，该效果会自动应用到整个所选片段，并且不会出现滤镜轨道。
>
> 但如果在没有选中任何视频片段的情况下，点击界面下方的"滤镜"按钮添加滤镜，则会出现滤镜轨道。需要控制滤镜轨道的长度和位置来确定添加滤镜效果的区域，图16所示的红框内，即为"清晰"滤镜效果的轨道。

▲ 图 14

▲ 图 15

▲ 图 16

利用"动画"功能让视频更酷炫

很多朋友在使用剪映时容易将"特效"或者"转场"效果与"动画"混淆。虽然这三者都可以让画面看起来更具动感,但动画功能既不能像特效那样改变画面内容,也不能像转场那样衔接两个片段,它实现的是所选视频片段出现及消失时的"动态"效果。

也正因此,在一些以非技巧性转场衔接的片段中,加入一定的"动画",往往可以让视频看起来更为生动。

❶ 选中需要添加"动画"效果的视频片段,点击界面下方"动画"按钮,如图17所示。

❷ 接下来根据需要,可以为该视频片段添加"入场动画""出场动画"及"组合动画"。因为此处希望配合相机快门声实现"拍照"效果,所以为其添加"入场动画",如图18所示。

❸ 选择界面下方的各选项,即可为所选片段添加动画,并进行预览。因为相机拍照声很清脆,所以此处选择同样比较"干净利落"的"轻微抖动Ⅱ"效果。通过"动画时长"滑动条还可调整动画的作用时间,这里将其设置为0.3秒,同样是为了让画面"干净利落",如图19所示。

> **提示**
>
> 动画时长的可设置范围是根据所选片段的时长而变动的,并且在设置了动画时长后,具有动画效果的时间范围会在轨道上有浅浅的绿色覆盖,从而可以直观地看出动画时长与整个视频片段时长的比例关系。
>
> 通常来说,每一个视频片段的结尾附近(落幅)最好比较稳定,可以让观众清楚地看到该镜头所表现的内容,因此不建议让整个视频片段都具有动画效果。
>
> 但对于一些故意让其一闪而过,故意让观众看不清的画面,则可以通过缩短片段时长,并添加动画来实现。

△ 图 17

△ 图 18

△ 图 19

通过润色画面实现唯美渐变色效果

本案例将介绍两种制作渐变色效果的方法。在这两种方法中，"调节""滤镜"和"动画"功能都起到了重要作用。但除了这三个功能，还需用到"关键帧"和"蒙版"。

步骤一：制作前半段渐变色效果

本渐变色案例分为两个部分，其中前半段，也就是第一部分的渐变色效果是整体缓慢变色，而后半段，也就是第二部分的渐变色效果是局部推进式渐变色。首先来制作前半段的整体渐变色效果，具体方法如下。

❶ 导入素材，只保留6秒左右的时长即可。然后点击界面下方的"比例"按钮，设置为"9∶16"，再点击"背景"按钮，设置为"画布模糊"即可，得到图20所示的效果。

❷ 选中视频轨道，点击界面下方的"滤镜"按钮，选择"风景"分类下的"远途"滤镜效果，如图21所示。

❸ 点击界面下方的"调节"按钮，并适当增加画面色温，可以让画面更偏暖调，从而营造秋天的视觉感受，如图22所示。

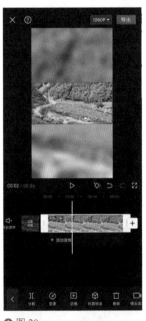
⚠ 图20

⚠ 图21

⚠ 图22

❹ 选中"暮色"轨道，将时间轴移动到视频开头，点击◇图标添加关键帧，将滤镜强度调整为"0"，如图23所示。

❺ 继续移动时间轴至"暮色"轨道末尾，再次点击◇图标，再添加一个关键帧，将滤镜强度调整为"100"，如图24所示。前半段的整体渐变色效果就完成了。

◆图 23   ◆图 24

步骤二：制作后半段渐变色效果

后半段渐变色效果需要用到"蒙版"工具，难度相对较高，却可以实现局部渲染式变色效果，具体操作方法如下。

❶ 先退出制作前半段渐变色效果的剪映编辑界面，然后导入后半段素材，调节"比例"为"9∶16"，"背景"为模糊效果。点击界面下方的"滤镜"按钮，依旧选择"风景"分类下的"暮色"效果，实现秋天效果，如图25所示。

❷ 点击界面下方的"调节"按钮，提高"色温"数值，使其暖调色彩更为明亮、浓郁，如图26所示，然后将该段视频导出。

❸ 打开之前制作的前半段渐变色效果视频的草稿，点击视频轨道右侧的[+]图标，将没有变色的、原始的后半段素材添加到剪映中，如图27所示。

   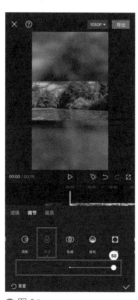   

◆图 25   ◆图 26   ◆图 27

❹ 点击图27所示的界面下方的"画中画"按钮，继续点击"新增画中画"按钮，将之前导出的后半段变色后的视频添加至剪辑界面中，如图28所示。

❺ 将画中画轨道中的变色后的视频片段与变色前的视频片段首尾对齐，并让变色后的画面刚好填充整个画面，如图29所示。

⑥ 点击界面下方的"音频"按钮，添加背景音乐，并截取需要的部分，然后将视频末尾及画中画末尾与音乐结尾对齐，如图30所示。这样做的目的是确定视频长度，为接下来添加关键帧做准备。

⑦ 选中画中画视频，点击界面下方的"蒙版"按钮，选择线性蒙版，将其旋转90°，并向右拖动❄图标，增加羽化效果，如图31所示。

⚠ 图 28

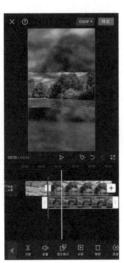
⚠ 图 29

⚠ 图 30

⚠ 图 31

⑧ 随后将线性蒙版拖动到最左侧，如图32所示。

⑨ 将时间轴移动到画中画轨道素材的最左侧，点击❄图标添加关键帧，如图33所示。

⑩ 再将时间轴移至视频的末尾，点击❄图标添加关键帧，如图34所示。

⑪ 不要移动时间轴，点击界面下方的"蒙版"按钮，将线性蒙版从最左侧拖动到最右侧，如图35所示。至此，局部渲染式的渐变色效果就制作完成了。

⚠ 图 32

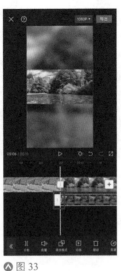
⚠ 图 33

⚠ 图 34

⚠ 图 35

步骤三：添加转场、特效和动画让视频更精彩

单纯展示渐变色效果的视频会显得比较生硬，因此仍需添加转场、特效、动画等对视频进行润色，具体操作方法如下。

❶ 为前后两段渐变色画面添加转场效果，此处选择"运镜转场"分类下的"向左"效果，如图36所示。

❷ 选中前半段视频，点击界面下方的"动画"按钮，为其添加"入场动画"中的"轻微放大"动画，并将"动画时长"拉到最右侧，从而可以让视频的开场更自然，如图37所示。

❸ 点击界面下方的"特效"按钮，为后半段视频末尾添加"自然"分类下的"落叶"效果，从而强化秋天的视觉感受，并增加画面动感，如图38所示。

◆ 图 36

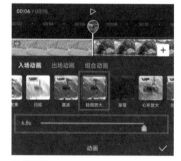

◆ 图 37

◆ 图 38

❹ 选中所加特效，点击界面下方的"作用对象"按钮，并将其设置为"全局"，从而让"落叶"特效出现在整个画面中，如图39所示。

❺ 点击界面下方的"画面特效"按钮，为视频结尾添加"基础"分类下的"闭幕"特效，如图40所示。并按照上一步的方法，使其作用到"全局"，从而可以让视频不会结束得太过突兀。

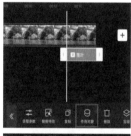

◆ 图 39

◆ 图 40

提示

本变色案例的后期方法还可以实现多种效果，如最近很火的老照片上色，以及10年前后人物对比等。其实这些效果的核心都是利用"画中画"+"线性蒙版"+"关键帧"让一个画面逐渐变化为另一个画面。因此，在学习本节内容之后，读者一定要举一反三，这样才能灵活地利用剪映的各种功能，实现希望达到的效果。

利用"美颜美体"功能让人物更美观

"美颜美体"功能的作用

"美颜美体"功能为用户提供了更为丰富的人物修饰选项，使视频画面中的人物更加美观。"美颜"功能主要针对面部修饰，可以对面部的细节、形态等进行调节，从而使人物面部更加精致。"美体"功能主要人物的体态进行调整，对人物腿部进行拉长、瘦身瘦腿等，以使其身材更加完美。

利用"美颜"功能让人物面部更精致

❶ 导入一段带有人物的视频素材，选中素材视频轨道，点击界面下方"美颜美体"按钮，如图41所示。

❷ 点击"美颜美体"选项下的"美颜"功能，剪映自动画面中的人物面部并放大，如图42所示。

❸ 将"美颜"分类下的"磨皮""美白"效果数值调整到50，将"美型"分类下的"瘦脸"效果数值调整到40，"瘦鼻"效果数值调整到20，如图43所示。

❹ 当调整完以后，想对比调整前的模样可以点击▥按钮，画面就会显示调整前的模样，如图44所示。

⚠ 图41

⚠ 图42

⚠ 图43

⚠ 图44

进阶的剪映调色功能

"HSL"功能的作用

"HSL"的作用是调整视频的色彩。HSL代表色相（Hue）、饱和度（Saturation）和亮度（Lightness），通过这个工具，用户可以调整视频的色调、对比度和亮度等参数，从而实现视频颜色的细致调整，让视频色彩更加丰富和生动。

色相

色相是色彩的最大特征，是指画面本身的颜色。通过调整"色相"选项，可以将一种颜色转换成为另外一种颜色。下面通过一个案例，讲解此功能的具体使用方法。

❶ 首先通过色轮图了解色彩中色相的过渡色彩，如图45所示。

❷ 打开剪映，导入一段太阳照射草地的视频素材，点击界面下方的"调节"按钮，选择"调节"分类中的"HSL"功能，如图46所示。

❸ 原视频中的草地被落日余晖映照成金黄色，这时通过调节HSL功能中的黄色选项，向右滑动增加色相数值，会发现草地变成了绿色，通过图46与图47对比可以发现，画面草地颜色发生明显改变，这就是色相最基本的使用方法。

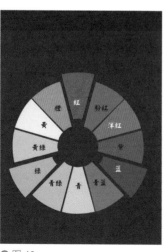

⋀ 图45

⋀ 图46

⋀ 图47

饱和度

饱和度也叫纯度，是指色彩的鲜艳程度。饱和度越高，画面色彩越鲜艳。下面通过一个案例，讲解此功能的具体使用方法。

❶ 打开剪映，导入一段饱和度较高的视频素材，可以看到画面中蓝色和绿色几乎平分了画面色彩，因为两种颜色的鲜艳程度都比较高，这时可以降低饱和度观察，以便得到更直观的画面效果，如图48所示。

❷ 按照上一步骤中的操作，选择HSL选项中的蓝色选项，将饱和度向左调到最低，明显看出，画面中蓝色色彩降到最低，最终呈现出黑白效果，如图49所示。

❸ 同样当我们降低画面中绿色和黄色的饱和度，便会出现草地呈现黑白的效果，如图50所示。

⋀ 图48　　　　⋀ 图49　　　　⋀ 图50

亮度

亮度也叫明度，是指色彩的明亮程度。亮度越高，画面中所对应的色彩越明亮，亮度越低，画面中所对应的色彩越暗淡。下面，结合案例来快速了解调节亮度的具体使用方法。

❶ 点击HSL选项左上角的"重置"按钮，将之前调整的饱和度恢复到默认值，如图51所示。

❷ 选中需要修改画面亮度的色彩，因为画面中绿色部分较多，为了效果更为明显，这里我们选择绿色进行修改。

❸ 向右拖动亮度数值调到最高，可以看出画面中的绿色明显加亮，如图52所示，同样，向左拖动亮度数值调到最低，画面中的绿色变得更深更暗，如图53所示。

⋀ 图 51   ⋀ 图 52   ⋀ 图 53

曲线

线功能中RGB分别代表着Red，Green，Blue三种颜色，也就是三原色。在曲线面板中，你可以添加或删除点、自由调整曲线弯度来实现不同的色彩效果。总之，RGB曲线调色是视频编辑中非常重要的一种工具，可以让你轻松实现各种颜色的特效和风格，给视频添加各种生动的色彩。接下来，结合实例快速了解曲线的功能。

❶ 打开剪映，导入一段视频素材，点击界面下方的"调节"按钮，选择"调节"分类中的"曲线"功能，如图54所示。

❷ 选择对应通道（包括透明、红、绿、蓝四个通道）。剪映的四个区域分别对应黑色、阴影、高光和白色。拖动功能区的锚点，可以实现画面色彩和对比度的控制变化。

❸ 对画面中相对应的区域分别控制，从而使画面阴影更低，高光更亮，如图55所示。但在尝试时应及时观察画面细节，以避免使高光位置失去细节。

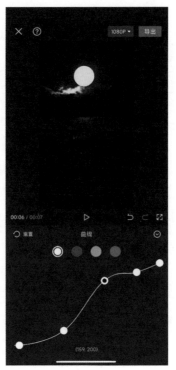

⚠ 图 54   ⚠ 图 55

　　在通道中的色彩面板中，选中其中所需要调整的色彩，如下图举例，这里选择了画面中比较醒目的蓝色色调。

　❶ 点击"曲线"选项左上角的"重置"按钮，将之前调整的曲线恢复到默认值。

　❷ 在色彩栏选择"蓝色"，进入曲线调色面板，如图56所示，拖动画面左侧区域锚点，上拉发现画面中阴影部分变蓝，如图57所示，下拉发现，画面中阴影部分变绿，如图58所示。同理，拖动中间位置锚点，上拉发现画面中云层水光位置也发生类似变化。

　❸ 由此类推，在面对画面中含有不同色彩元素的视频时，都可以通过调整不同的色彩曲线得到自己需要的画面效果。

　　因曲线调色变幻万千，不同参数可以得到不同的画面效果，这里只做简单功能的原理介绍，学习使用的过程中可以多做不同尝试，找到自己的视频调色风格。

▲ 图 56

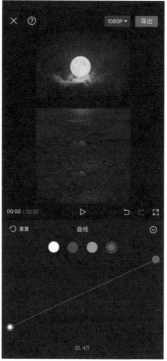

▲ 图 57

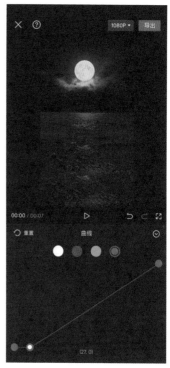

▲ 图 58

色轮

色轮是英国物理学家牛顿根据彩虹的色彩变化研究的一种颜色相加混合的实验仪器。在剪映专业版中，色轮的加入完成了剪映色彩调色的最后一环。通过色轮可以实现画面颜色的重新调整搭配，使画面色彩效果更细腻更丰富。

四个色轮分别对应暗部、中灰调、亮部和偏移，圆环代表画面色彩变化的过渡效果，左中心圆点对应颜色倾向，拖动中心圆点靠近色环中哪种颜色，画面颜色也将向对应的颜色过渡。左侧白色箭头代表饱和度，右边白色箭头代表亮度，如图59所示。

▲ 图 59

下面通过具体案例，对色轮功能进行介绍。

❶ 打开剪映专业版，导入一段视频素材，选中视频轨道，点击右上角"调节"分类中的"色轮"选项，如图60所示。

❷ 观察视频素材，留意画面的高光、阴影、中间区域，选择自己想要调整的区域。比如笔者想要增加画面中草原暗部的饱和度，则可以在控制暗部的色轮中，向上滑动左侧饱和度箭头。调整之后的图61所示效果与原画面效果进行对比后发现，画面暗部区域发生了明显变化，阴影区域变得更"绿"了。

❸ 调整之后如果觉得画面"绿色太多"显得画面色调偏冷，这时可以拖过中心圆点向橙色移动，如图62所示。之后可以发现，画面阴影部分的颜色发生了轻微变化，画面整体色调变暖。

同理，此方法也可作用在画面中其他影调区域位置，这里只做基础功能讲解与介绍，想要提升这一方面能力需要在实践中结合不同画面案例进行练习。

⚠ 图 60

⚠ 图 61

⚠ 图 62

第 7 章

轻松掌握剪映专业版（PC 版）

手机版剪映与专业版（PC版）剪映的异同

手机版剪映虽然易上手，并且功能强大，但毕竟在进行后期剪辑时，太小的屏幕会让一些操作不太方便，而且经常会出现操作失误的情况。再加上手机的性能毕竟有限，在对一些较长的视频进行剪辑时，难免出现卡顿等后期体验不佳的情况。

所以，抖音官方根据手机版剪映适时推出了剪映专业版，其实就是PC版剪映。由于PC版剪映是根据手机版剪映演化而来，所以只要学会了手机版剪映的使用方法，很容易上手PC版剪映。

手机版剪映的功能更多

目前，剪映专业版（剪映专业版即为剪映PC版，下文将统一称之为"专业版"）仍在不断完善中，所以它的功能比手机版剪映要少很多。比如手机版剪映中的"抖音玩法""镜头追踪"等功能在专业版剪映中均还没有实现。

也正是因为手机版剪映的功能更多，所以用手机版剪映可以制作的效果，用专业版剪映未必做得出来。但专业版剪映可以制作出的效果，用手机版剪映基本都可以实现。

手机版剪映的菜单更复杂

由于手机的屏幕与计算机显示器相比要小很多，所以在UI设计上，手机版剪映的很多功能都会"藏得比较深"，导致菜单、选项等相对复杂。而专业版剪映是在显示器上显示的，所以空间大很多。手机版剪映部分需要在不同界面中操作的功能，在专业版剪映中的一个界面下就能完成。比如为视频片段添加"动画""文字""特效"等操作，在专业版剪映中进行操作会更加便捷。

手机版剪映更容易出现卡顿

由于手机的性能依然无法与计算机相比，所以在处理一些时间较长、尺寸较大的视频时，往往会出现卡顿的情况。而最致命的莫过于在预览效果时出现的卡顿，这会导致剪辑人员根本无法判断效果是否符合预期，也就无法继续剪辑下去。

但性能良好的计算机则可以解决该问题。即便是较长、质量较高的视频，依然可以使预览及操作很流畅，这样就大大提升了软件的使用体验。

综上所述，如果所处环境既可以使用手机版剪映，又可以使用专业版剪映进行视频后期，而且所做效果用专业版剪映也能实现，那么无疑使用专业版剪映可以获得更高的处理效率和更顺畅的剪辑体验。

认识剪映专业版的界面

由于剪映专业版是将剪映手机版移植到计算机上的，所以整体操作的底层逻辑与手机版剪映几乎完全相同。因此在掌握了手机版剪映的情况下，只需了解专业版剪映的界面，知道各个功能、选项所处的位置，也就基本掌握了其使用方法，专业版剪映的界面如图1所示。

1. 工具栏   2. 素材区   3. 预览区   4. 细节调整区

▲ 图1

5. 常用功能区   6. 时间线区域   7. 轨道控制区

❶ 工具栏：该区域中包含媒体、音频、文本、贴纸、特效、转场、滤镜、调节、模板共9个选项。其中只有"媒体"选项没有在手机版剪映中出现。点击"媒体"选项后，可以选择从"本地"、"云素材"或者"素材库"中导入素材至"素材区"。

❷ 素材区：无论是从本地导入的素材，还是选择了工具栏中"贴纸""特效""转场"等工具，其可用素材和效果均会在"素材区"中显示。

❸ 预览区：在后期过程中，可随时在"预览区"查看效果。点击预览区右下角的■图标可进行全屏预览；点击右下角的■图标，可以缩放预览视频的大小；点击右下角的■图标，可以调整画面比例。

❹ 细节调整区：当选中时间线区域中的某一轨道后，在"细节调整区"即会出现可针对该轨道进行的细节设置。选中"视频轨道""文字轨道""贴纸轨道"时，"细节调整区"分别如图2～图4所示。

⚙图2 ⚙图3 ⚙图4

⑤ 常用功能区：在其中可以快速对视频轨道进行"分割""向左裁剪""向右裁剪""删除""定格""倒放""镜像""旋转""裁剪"等操作。

另外，如果有误操作，点击该功能区中的⤺图标，即可撤回上一步操作；点击▣图标，即可将鼠标的作用设置为"选择""分割""向左全选"或"向右全选"。当选择为"分割"时，在视频轨道上按下鼠标左键，即可在当前位置"分割"视频；当选择为"向左全选"或者"向右全选"时，在轨道上按下鼠标左键，即可"向左"或"向右"全选所有轨道内容。

⑥ 时间线区域：该区域中包含3个元素，分别为"轨道""时间轴"和"时间刻度"。"轨道"中包含对轨道控制的按钮，▤按钮是锁定轨道，轨道锁定以后，任何操作对该轨道都不受影响；▣按钮是隐藏轨道，隐藏轨道后，该轨道内容在画面中就会消失；▣按钮是关闭原声，关闭原声以后，轨道中的声音就会被静音；▣按钮是编辑封面，该按钮只有追轨道有，点击该按钮可以添加编辑整个视频的封面。

由于剪映专业版界面较大，所以不同的轨道可以同时显示在时间线中，如图5所示。相比手机版剪映，专业版剪映可以提高后期处理效率。

⑦ 轨道控制区：▣按钮是主轨磁吸，当两段视频接头处相邻时，主轨磁吸功能可以自动将它们吸附在一起，避免掉帧；▣是自动吸附按钮，可以自动识别视频中的关键帧，将其吸附在时间轴上；▣按钮是联动，可以让音频和视频片段自动对齐；▣按钮是预览轴，移动鼠标可以快速预览轨道中的视频素材；▣按钮是全局预览缩放，可以放大或缩小时间线，使其在当前屏幕完全显示。

⚙图5

提示

在使用手机版剪映时，由于图片和视频会统一在"相册"中找到，所以"相册"就相当于剪映的"素材区"。但对于专业版剪映而言，计算机中并没有一个固定的存储所有图片和视频的文件夹。所以，专业版剪映才会出现单独的"素材区"。

因此，使用专业版剪映进行后期处理的第一步，就是将准备好的一系列素材全部添加到剪映的素材区中。在后期过程中，需要哪个素材，直接将其从素材区拖动到时间线区域即可。

另外，如果需要将视频轨道"拉长"，从而精确选择动态画面中的某个瞬间，则可以通过时间线区域右侧的 ⊙─────⊕ 滑动条进行调节。

剪映专业版重要功能的操作方法

剪映专业版，在操作更顺畅的同时，其方法与手机版剪映具有一定的区别。本节将介绍剪映专业版与手机版部分功能使用方法的不同之处，从而更好地上手剪映专业版。

消失不见的"画中画"功能

在剪映手机版中，如果想在时间线中添加多个视频轨道，需要利用"画中画"功能导入素材。但在剪映专业版中，却找不到"画中画"这个选项。

这是由于剪映专业版的处理界面更大，所以各轨道均可以完整显示在时间线中，因此，无须使用"画中画"功能，可直接将一段视频素材拖动到主视频轨道的上方，即可实现多轨道及手机版剪映"画中画"功能的效果，如图6所示。

而主轨道上方的任意视频轨道均可随时再拖动回主轨道，所以在剪映专业版中，也不存在"切画中画轨道"和"切主轨道"这两个选项。

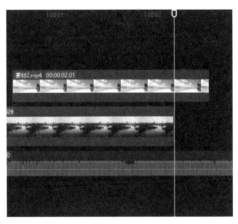

▲ 图6

通过"层级"确定视频轨道的覆盖关系

将视频素材移动到主轨道上方时，该视频素材的画面就会覆盖主轨道的画面。这是因为在剪映中，主轨道的"层级"默认为"0"，而主轨道上方第一层的视频轨道默认"1"。层级大的视频轨道会覆盖层级小的视频轨道。并且主轨道的层级不能更改，但其他轨道的层级可以更改，如图7所示。

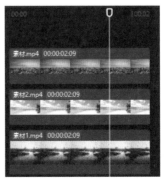

◀ 图7

找到剪映专业版的"蒙版"功能

在时间线中添加多条视频轨道后，由于画面之间出现了"覆盖"，就可以使用"蒙版"功能来控制画面局部区域的显示。具体操作方法如下。

❶ 选中一条视频轨道，选择界面右上角的"画面"选项，即可找到"蒙版"功能，如图8所示。

❷ 选择希望使用的蒙版，此处以"线性蒙版"为例，点击之后，在预览界面中即会出现添加蒙版后的效果，如图9所示。

❸ 点击图9中的◎图标，可以调整蒙版角度。

△图8

△图9

❹ 点击◀图标，可以调整两个画面分界线处的"羽化"效果，形成"过渡"效果，如图10所示。

❺ 将鼠标移动到"分界线"附近，按住鼠标左键并拖动，可以调节蒙版位置，如图11所示。

△图10

△图11

使用剪映专业版添加"转场"效果

剪映专业版与剪映手机版相比，一个很大的不同在于，手机版中视频素材间的□图标在剪映专业版中消失了。那么在剪映专业版中，该如何添加转场效果呢？具体的操作方法如下。

❶ 首先，移动时间轴至需要添加转场的位置附近，如图12所示。

❷ 点击界面上方"转场"按钮，并从打开的下拉列表框中选择转场类别，再从素材区中选择合适的转场效果，如图13所示。

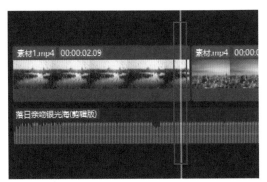

▲ 图12

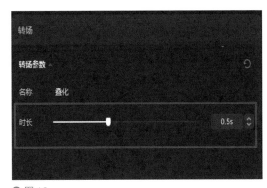

▲ 图13

❸ 点击转场效果右下角的"⊕"图标，即可在距离时间轴最近的片段衔接处添加转场效果，如图14所示。

❹ 选中片段间的转场效果，拖动图14中左右两边的"白框"，即可调节转场时长。也可以选中转场效果后，在"细节调整区"设定转场时长，如图15所示。

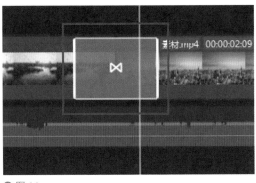

▲ 图14

▲ 图15

> **提示**
>
> 由于转场效果会让两个视频片段在衔接处的画面中出现一定的"过渡"效果，因此在制作音乐卡点视频时，为了让卡点效果更为明显，往往需要将转场效果的起始端对准音乐节拍点。

更直观的"关键帧"功能

在剪映手机版中，只能添加一个总的"关键帧"，不能单独对视频的"位置""大小"或者"角度"等调整，但是在剪映专业版中可以单独对任意一个要素添加"关键帧"，让"关键帧"的使用更加直观简单。具体的操作方法如下。

❶ 首先，将时间轴移至视频轨道开头处，为画面添加一个"鸟群"贴纸，将其轨道拖动至视频结尾，如图16所示。

❷ 在视频轨道开头处，将"鸟群"贴纸移动到画面的最左侧并调整至合适大小，为"鸟群"贴纸的缩放和位置添加关键帧，如图17所示。

❸ 将时间轴移至视频轨道结尾处，将"鸟群"贴纸移动到画面的中间并放大，制作一个鸟群飞近的效果，此时关键帧已经自动打好，直接播放预览效果即可，如图18所示。

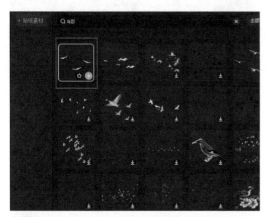

⚠ 图 16

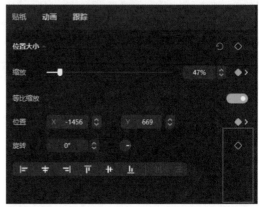

⚠ 图 17

⚠ 图 18

使用剪映专业版制作音乐卡点视频

下面通过一个音乐卡点视频的实操案例，来体会剪映专业版与手机版在操作上的不同，同时熟悉各个功能、选项的具体位置。

步骤一：导入素材与音乐

首先将制作音乐卡点视频所需的素材导入编辑界面，并标注音乐的节拍点，具体操作方法如下。

❶ 依次点击"媒体""本地""导入"按钮，将图片素材导入剪映中，如图19所示。

❷ 通过拖拽或者点击素材右下角的加号，将素材添加至视频轨道，如图20所示。

❸ 点击界面左上角的"音频"按钮，点击"音频提取"按钮，点击"导入"按钮，导入提前录制好的本地音乐，点击右下角的图标，即可将其添加到音频轨道，如图21所示。

❹ 选中音频轨道，将时间轴移至有人声出现之前的位置，点击Ⅱ图标（向左裁剪），将前半段音频删除，如图22所示。然后将音频移动到视频最前端。

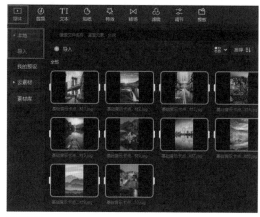

◆图19

◆图20

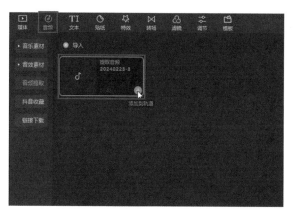

◆图21

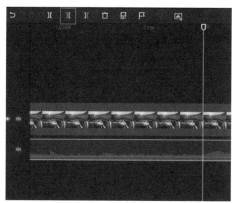

◆图22

⑤ 将时间轴移至视频轨道开头处，点击界面左上角的"媒体"按钮，点击"素材库"按钮，添加一个"片头"，如图23所示。

⑥ 选中音频轨道，点击🔲图标，并选择"踩节拍Ⅱ"选项。此时在音频轨道上会自动出现黄色节拍点，如图24所示。

△ 图23

△ 图24

由于"踩节拍Ⅰ"自动标出的节拍点比较稀疏，不适合制作节奏较快的音乐卡点视频，因此这里选择"踩节拍Ⅱ"。

⑦ 选中片头素材，拖动右侧白框，使其对齐第4个节拍点，如图25所示。

⑧ 选中第一张图片素材，使其结尾对齐第5个节拍点。也就是形成两个节拍点间一张照片的效果，如图26所示。

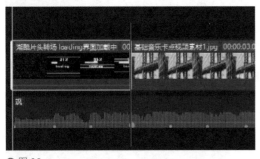

△ 图25

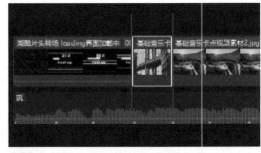

△ 图26

⑨ 然后按照第一张图片的处理方法，将之后的所有照片均与对应的节拍点对齐，如图27所示。

△ 图27

步骤二：添加转场效果让视频更具视觉冲击力

为每两个画面之间添加转场效果，可以让图片的转换不再单调，并且营造出一定的视觉冲击力，具体的操作方法如下。

❶ 将时间轴移动到希望添加转场的位置（大概位置即可），如图28所示。

❷ 点击界面上方的"转场"按钮，选择"运镜"效果。将鼠标悬停在某个转场效果上，点击右下角的➕图标即可添加转场，如图29所示。

❸ 按照此方法，为每两张图片之间均添加转场效果，建议从"运镜转场"中进行选择，并且尽量不要重复。添加完转场后的视频轨道如图30所示。

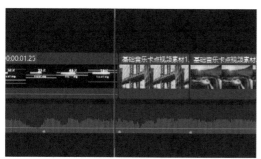

▲ 图 28

▲ 图 29

▲ 图 30

❹ 依次点击图30中的每一个转场，将右上角的"转场"时长设置为0.2秒，如图31所示。

❺ 加入转场后，节拍点往往会位于转场的"中间"，这会使视频的节拍点"踩得不够准"。所以需要调节每一段视频素材的长度，使转场效果的"边缘"刚好与节拍点对齐，如图32所示。

转场		
转场参数		↺
名称	推近	
时长	━━━━━━◯━━━	0.2s ⬍

▲ 图 31

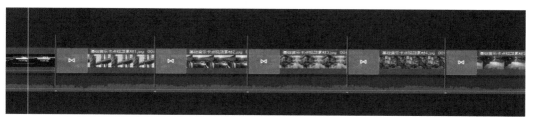

▲ 图 32

步骤三：调整片段时长营造节奏变化

如果只是在每个节拍点换一张照片出现在画面中，视频会稍显单调。所以最好根据音乐旋律的变化，让照片转换的节奏也出现相应的调整，从而让视频看起来更灵动。对于这首背景音乐而言，在两段相似的旋律之间有一个过渡，下面就通过这个"过渡"来为踩点音乐视频寻求变化，具体的操作方法如下。

❶ 找到相似旋律间"过渡"的区域，并将与该区域对应的图片拉长至过渡结束的节拍点，如图33所示。

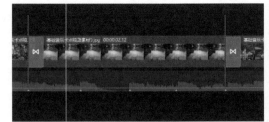

△ 图 33

❷ 此时视频结束的位置依然会出现一段不同的旋律，非常适合作为该踩点视频的结尾。所以将最后一张图片的末尾拉长至这段"不同"旋律的最后一个节拍点，如图34所示。

❸ 为了便于读者在按照教学制作这段音乐卡点视频时能够快速找到这两段"独特旋律"的位置，可参照如图35所示的完整视频轨道进行制作。

△ 图 34

△ 图 35

步骤四：使用特效让视频更酷炫

接下来通过"特效"为该音乐卡点视频进行最后的润色，使其视觉效果能够更加酷炫，具体的操作方法如下。

❶ 点击界面左上角的"特效"按钮，选择"光"分类下的"胶片漏光"效果，如图36所示。

❷ 再选择"动感"分类下的"心跳"特效，如图37所示。

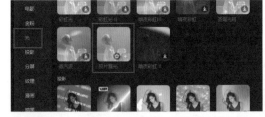

△ 图 36

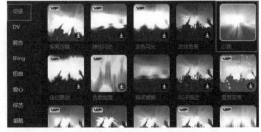

△ 图 37

❸ 将这两个特效覆盖如图38所示的视频片段。

❹ 继续点击"特效"按钮，选择"基础"分类下的"横向闭幕"效果；再选择"动感"分类下的"闪屏"效果，并将其添加至视频结尾部分，如图39所示。

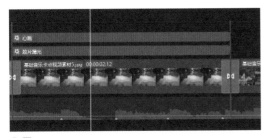

⌃ 图 38

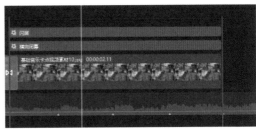

⌃ 图 39

❺ 如果希望效果更丰富一些，可以为其他图片也各自添加特效。在本案例中，笔者还对第1、2、4张图片分别添加了"动感"分类下的"RGB描边"、"综艺"分类下的"震动"及"动感"分类下的"负片闪烁"特效。添加特效后的视频轨道如图40所示，3个特效在剪映中的位置分别如图41~图43所示。

需要强调的是，读者可以添加自己喜欢的特效，不必与案例中的特效完全一样。除了特效之外，也可以为片段添加"动画"效果，以进一步提高视频的表现力。虽然本案例并没有为片段添加"动画"效果，但读者可以自己尝试一下，争取做出与本案例不太相同，但依然酷炫的图片音乐卡点视频。

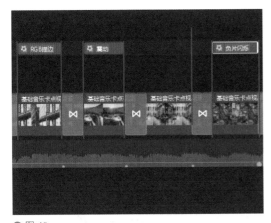

⌃ 图 40

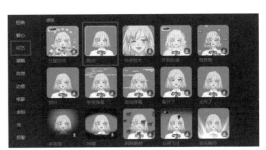

⌃ 图 41

⌃ 图 42

⌃ 图 43

"示波器"调色辅助工具

"示波器"是将图像中所有像素信息解析为亮度和色度信号，进行可视化显示的工具。剪映专业版可以在播放器中选择开启"调色示波器"功能。"示波器"功能可以帮助用户在调色过程中更好地观察颜色和图像的波形，从而更快速地调整色彩效果。示波器可以提供亮度、对比度、色相等方面的参考，使调色变得更为准确和专业。使用示波器可以使剪映的调色效果更加出色，给视频增添高级感色调。

❶ 打开剪映专业版，导入一段视频素材来观察示波器的具体应用，如图44所示。

❷ 点击播放器右上方的三条横线，在调色示波器中点击开启选项。这时，在播放器画面下方出现三个区域，从左到右分别对应RGB示波器、RGB叠加示波器和矢量示波器三个观看窗口，如图45~图47所示。

⚠ 图44

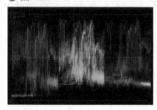

⚠ 图45

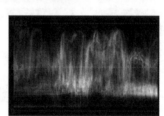

⚠ 46

⚠ 47

❸ RGB示波器的范围区间为【0，1023】，在示波器中波纹显示代表画面亮度范围，底端代表画面暗部，顶端代表画面亮部，波线在中轴线以下占据大部分，则会出现画面曝光不足的情况，如图48所示。

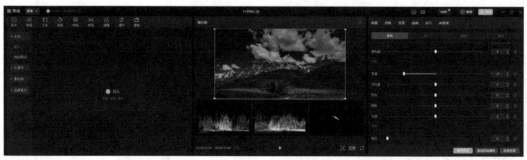

⚠ 图48

❹ 反之，如果在示波器中波长显示在中轴线以上占据绝大部分，则画面会出现曝光过度的情况，如图49所示。

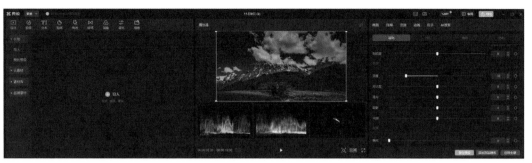

⚠ 图 49

❺ 当示波器中颜色色彩集中在中轴线附近时，说明画面色彩亮度范围更小，需要结合示波器对画面进行调整，以达到一个比较舒适的色彩。在RGB叠加示波器中，通过示波器画面，我们可以从中隐约看到山的形状，示波器中的颜色和画面亮度峰点与画面相对应。通过观察画面可以得知画面中的最高亮度区域和最低亮度区域。同时，因为画面中主导颜色为绿色，所以在示波器中绿色较为明显，如图50所示。

⚠ 图 50

矢量示波器测量的是图像中色彩的色相和饱和度值。饱和度越高画面中的矢量图标越大，反之如果饱和度降到最低，那么矢量图标便只有一个白点。矢量图标的方向迹线表示图像中像素的色相，该方向上迹线越高，表示该图像中的该色相像素越多。如上图所示，表示该图片中绿色像素最多。

以上便是示波器的基本介绍，它并不是一项剪映中的功能，而是辅助调色中的曲线、色轮的使用工具。同时，色彩变幻万千，想要真正掌握调色的应用，不仅需要大量的练习，还要不断提高自己的审美能力。毕竟技术决定你的下限，思想决定你的上限。

剪映预设及LUT调色

通过剪映进行视频色彩调整，除了最简单滤镜的滤镜套用，或者通过画面明度、色彩、曲线、色轮等选项进行手动调整外，还可以通过LUT预设功能进行色彩调节。LUT调色是一款非常受设计师喜欢的后期调色预设，通过使用LUT可以迅速达到很好的胶片质感和色彩，在此基础上稍做调整就能呈现出精彩的色彩风格。

一般在剪辑调色工作时，如果你调出一个能适用于自己大部分视频需求的色调，那么便可以在剪映内添加到预设选项中。

首先，在对画面进行调整之后，在画面调节选项中找到工具栏右下方的保存预设功能按钮，如图51所示。

将预设保存后，将自动储存在右上方功能区调节中——我的预设选项中，如图52所示。将预设选项添加至轨道中，即可实现等同于滤镜的效果。

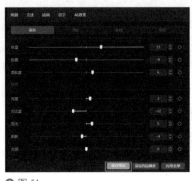

◆ 图 51

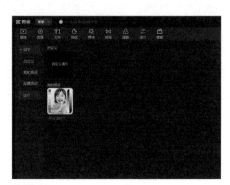

◆ 图 52

受限于个体调色能力的不同再加上剪映滤镜库中的大部分滤镜仅限VIP使用，这时，我们就可以通过剪映中的LUT预设导入完成调色。

LUT调色作为一种非常成熟的调色方式，在无论视频还是图片的调色中都达到提升画面质感的效果。目前剪映支持.cube和.3dl的LUT文件格式。而且LUT调色的更大优势在于它的通用性与广泛性。你可以查找世界范围内所有摄影师分享的LUT文件，并将其套用在自己的作品中。

❶ 首先，根据自己的喜好下载自己喜欢的LUT调色文件，如图53所示。

❷ 在媒体素材调节中点击LUT选项，导入调节素材，如图54所示。

导入之后，可以在通过播放器预览窗口查看画面滤镜适配效果，选择适合画面内容风格的滤镜导入画面中，调节滤镜在时间轴上的覆盖长度。观看整体效果，如图55所示。

名称	修改日期	类型	大小
高光与阴影	2018/7/2 5:14	文件夹	
颜色调整	2018/7/2 14:11	文件夹	
范围 - 肤色 - 增加绿色.cube	2018/7/10 0:06	CUBE 文件	918 KB
范围 - 肤色 - 增加紫色 1.cube	2018/7/10 0:06	CUBE 文件	924 KB
范围 - 肤色 - 增加紫色 2.cube	2018/7/10 0:06	CUBE 文件	925 KB
范围 - 中间值 - 偏品红.cube	2018/7/10 0:06	CUBE 文件	925 KB
整体 - 减少饱和度.cube	2018/7/10 0:06	CUBE 文件	939 KB
整体 - 降低曝光.cube	2018/7/10 0:06	CUBE 文件	814 KB
整体 - 图像平色化 1.cube	2018/7/10 0:06	CUBE 文件	5,633 KB
整体 - 图像平色化 2.cube	2018/7/10 0:06	CUBE 文件	936 KB
整体 - 增加饱和度 (暗部去色减饱和).cube	2018/7/10 0:06	CUBE 文件	828 KB
整体 - 增加饱和 (整体).cube	2018/7/10 0:06	CUBE 文件	822 KB
整体 - 增加对比度和高光保护 1.cube	2018/7/10 0:06	CUBE 文件	918 KB
整体 - 增加对比度和高光保护 2.cube	2018/7/10 0:06	CUBE 文件	923 KB
整体 - 增加对比度和高光保护 3.cube	2018/7/10 0:06	CUBE 文件	909 KB
整体 - 增加对比度和高光保护 4.cube	2018/7/10 0:06	CUBE 文件	761 KB

◆ 图 53

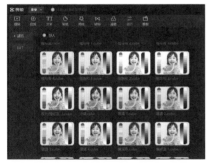

▲图 54   ▲图 55

❸ 如果想要对画面进行下一步调节，在调节工具栏中，可以对画面明度、色彩进行更近一步调节，也可以直接调整LUT选项中的强度卡尺，如图56所示面板，决定画面中整体色彩基调的强弱关系。

❹ 如果画面中人物占据主体位置，并且只想对环境色调进行调节，还可以打开调节基础面板中的肤色保护选项，开启肤色保护之后，人物皮肤不随画面色调改变，如图57所示。

▲图 56   ▲图 57

在了解了LUT文件的基本使用方法之后，在画面的调节中，还可以通过LUT文件的叠加使得画面呈现出不同于单轨调色的特殊效果。比如，在剪映滤镜库中有一些作用于人像的滤镜风格，我们可以在添加LUT文件进行调色的同时，将滤镜进行叠加，调整不同轨道的强度，得到人物环境色彩都得到改变的画面颜色，如图58和图59所示。

▲图 58   ▲图 59

"运动模糊"增强视频冲击力

"运动模糊"功能可以在视频画面中添加模糊效果，使画面呈现出一种动态模糊的效果。运动模糊的作用主要是增强视频的动感和艺术感。通过应用运动模糊，可以使视频中的运动物体或人物在移动时产生模糊效果，从而增强视频的动态感和视觉冲击力。同时，运动模糊还可以在视频制作中创造出一些特殊效果，例如使画面产生一种速度感或增加画面的层次感。

❶ 打开剪映专业版，导入一段运动的视频素材做运动模糊效果，这里导入了一段女孩滑滑板的视频，如图60所示。

❷ 在右侧"画面""基础"分类中勾选"运动模糊"选项，打开"运动模糊"功能，如图61所示。

◈ 图 60

◈ 图 61

❸ 模糊程度保持100不变，使模糊效果更明显，融合程度调整到20，融合程度越低，模糊效果越明显，模糊方向保持双向不变，使模糊效果更为自然，模糊次数设置为1次，不要让人物过度模糊，如图62所示。

❹ 设置完后等待运动模糊处理完成，播放视频会感觉女孩的动作更加丝滑飘逸了，视频更具动感了，如图63所示。

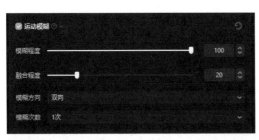

◈ 图 62

◈ 图 63

"布局"让每个区域位置更合理

"布局"主要是为了方便用户进行视频剪辑和编辑操作，提高工作效率，界面布局合理、清晰，用户可以快速找到所需的功能和工具，减少操作的难度和时间，剪映也提供了几种布局给用户选择，如图64所示。布局还可以根据用户的需求和习惯进行调整，用户可以根据自己的喜好和需求进行个性化设置，提高工作效率和创作质量。

默认布局：这是剪映的默认布局，包括媒体素材区、播放器区、属性调节区、时间线区，方便用户进行视频剪辑和编辑操作，如图65所示。

⊙ 图 64　　　　　　　　　　　　　　　　⊙ 图 65

媒体素材优先布局：媒体素材区域成为独立窗口，可以随意调整位置大小，方便用户进行素材的选取及预览效果，如图66所示。

播放器优先布局：播放器区域成为独立窗口，可以随意调整位置大小，以方便用户对视频内容效果有更清晰的判断，如图67所示。

⊙ 图 66　　　　　　　　　　　　　　　　⊙ 图 67

属性调节优先布局：属性调节区域成为独立窗口，可以任意调整位置大小，方便用户对属性进行细致调节，还可以同时对多个属性进行调节，如图68所示。

时间线优先布局：时间线区域成为独立窗口，可以随意调整位置大小，方便用户对轨道中的细节调节，对轨道的位置关系更为清晰，如图69所示。

∧ 图 68

∧ 图 69

"全局设置-剪辑"提高剪辑效率

在"全局设置-剪辑"窗口中，"时间线大幅移动"是指在使用时间线进行剪辑时，可以快速移动到指定的时间点或位置，这里默认是10帧，也就是时间线每次大幅移动范围是10帧；"数值大幅调节"是指对剪映中的参数进行大幅度调节，以满足用户对不同剪辑效果的需求，这里默认是10单位，即每次大幅调节数值时，一次调节10个单位；"图片默认时长"是指设置图片素材在剪辑中的默认显示时间长度，这里默认是3秒，也就是导入轨道的每张图片在剪辑中都会显示3秒，如图70所示。

∧ 图 70

第 8 章

爆款短视频剪辑思路

　　无论是剪映手机版还是专业版，甚至是更专业的剪辑软件，如Adobe Premiere，它们都只是剪辑的工具而已。学会使用这些软件，并不代表学会了剪辑。对于剪辑而言，处理视频时的思路更为重要。本章将介绍几种剪辑短视频时的后期思路。

短视频剪辑的常规思路

提高视频的信息密度

　　一条短视频的时长通常只有十几秒，甚至几秒。为了能够在很短的时间内迅速抓住观众的眼球，并且讲清楚一件事，需要视频的信息密度很大。

　　所谓信息密度，可以简单理解为画面内容变化的速度。如果画面的变化速度相对较快，在某种程度上而言，观众就可以不断获得新的信息，从而在短时间内迅速了解一个完整的"故事"。

　　并且，由于信息密度大的视频不会留给观众太多思考的时间，所以这有利于保持观众对视频的兴趣，对于提高视频的"完播率"也非常有帮助。

营造视频段落间的"差异性"

　　一段完整的视频通常由几个视频片段组成。当这些视频片段的顺序不太重要时，就可以根据其差异性来确定将哪两个片段衔接在一起。通常而言，景别、色彩、画面风格等方面相差较大的视频片段适合衔接在一起。因为这种跨度较大的画面会让观众无法预判下一个场景将会是什么，从而激发其好奇心，并吸引其看完整个视频。

　　值得一提的是，通过"曲线变速"功能营造运镜速度的变化其实也是为了营造"差异性"。通过"慢"与"快"的差异，让视频效果更加多样化。

利用"压字"让视频具有综艺效果

　　在剪辑有语言的视频时，可以让画面中出现部分需要重点强调的词汇，并利用剪映中丰富的字体和"花字"样式及文字动画效果，让视频更具综艺感。

　　在剪辑过程中，要注意语言与文字的出现要几乎完全同步，这样才能体现出"压字"的效果，视频的节奏感也会更为强烈。

背景音乐不要太"前景"

　　很多剪辑新手找到一首非常好听的背景音乐后，往往会将其声音调得比较大，生怕观众听不到这么优美的旋律。但对于视频而言，画面才是最重要的。背景音乐再好听，也只是陪衬。如果因为背景音乐声音太大而影响了画面的表现，就会喧宾夺主，尤其是用来营造氛围的背景音乐，其音量只需保持刚好能听到即可。

甩头"换装"与"换妆"的后期思路

甩头"换装"与"换妆"类视频的核心思路在于营造"换装（妆）"前后的强烈对比。抖音博主"刀小刀sama"正是靠此类视频而爆红，如图1所示。

流量变现方式：卖服装、卖化妆品、广告植入、抖音商品橱窗卖货等。

在"换装（妆）"前，人物的穿搭、装扮应尽量简单，画面的色彩也尽量真实、朴素一些，如图2所示。

在"换装（妆）"后，可以通过以下六个方面，营造出"换装（妆）"前后的强烈对比，得到如图3所示的效果。

❶ 让着装及妆容更时尚、更精致。

❷ 使用滤镜营造特殊色彩。

❸ 使用剪映中的"动感"类别中的特效，强化视觉冲击力，如图3所示。

❹ 选择节奏感、力量感更强的BGM（背景音乐）。

❺ "换装（妆）"前后不使用任何转场特效，利用画面的瞬间切换营造强烈的视觉冲击力。

❻ 对"换装（妆）"后的素材进行减速处理，如图4所示。

△ 图1

△ 图2

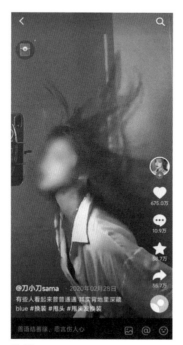

△ 图3

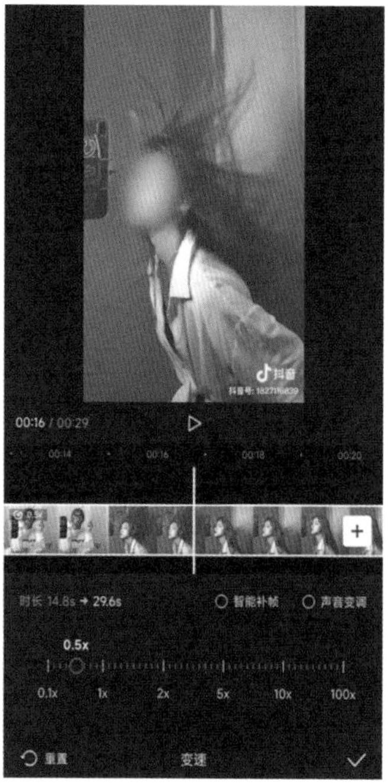

△ 图4

剧情反转类视频的后期思路

剧情反转类视频主要依靠情节取胜，而视频后期处理则主要是将多段素材进行剪辑，让故事进展得更紧凑，并将每个镜头的关键信息表达出来。抖音博主"青岛大姨张大霞"正是靠此类视频而爆红，如图5所示。

流量变现方式：卖服装、道具、广告植入、抖音商品橱窗卖货等。

剧情反转类视频的后期思路主要有以下四点。

❶ 镜头之间不添加任何转场效果，让每个画面的切换都干净利落，将观众的注意力集中到故事情节上。

❷ 语言简练，每个镜头时长尽量控制在3秒内，通过画面的变化吸引观众不断地看下去，如图6所示。

❸ 字幕尽量"简"而"精"，仅用几个字表明画面中的语言内容，并放在醒目的位置上，有助于观众在很短的时间内了解故事情节，如图7所示。

❹ 在故事的结尾，也就是"真相"到来时，可以将画面减速，给观众一个"恍然大悟"的时间去反思，如图8所示。

⚠ 图5

⚠ 图6

⚠ 图7

⚠ 图8

书单类视频的后期思路

书单类短视频的重点是要将书籍内容的特点表现出来。而书中的一些精彩段落或者书的内容结构，单独通过语言表达很难引起观众的注意，这就需要通过后期处理为视频添加一定的、能起到说明作用的文字，如图9所示。

流量变现方式：卖书、抖音商品橱窗卖货等。

书单类视频的后期思路主要有以下四点。

❶ 大多数书单类视频均为横屏录制，再在后期调整为"9：16"。从而在画面上方和下方留有添加书籍名称和介绍文字的空间，如图10所示。

❷ 画面下方的空白处可以添加对书籍特色的介绍。为文本添加"动画"效果，可实现在介绍到某部分内容时，相应的文字以动态的方式显示在画面中，如图11所示。

❸ 利用文字轨道还可以设置文字的移出时间，并且同样可以添加动画，如图12所示。

❹ 书单视频的BGM（背景音乐）应尽量选择舒缓些的音乐。因为读书本身就是在安静环境下进行的事，舒缓的音乐能够让观众更有读书欲望。

◬ 图 9

◬ 图 10

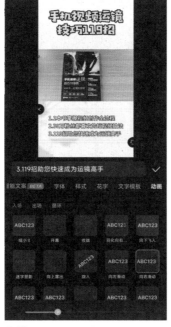

◬ 图 11

◬ 图 12

特效类视频的后期思路

虽然用剪映或者快影并不能制作出科幻大片中的特效，但是当"五毛钱特效"与现实中的普通人同时出现时，同样让日常生活多了一丝梦幻色彩。抖音博主"疯狂特效师"正是靠此类视频而爆红，如图13所示。

流量变现方式：广告植入、抖音商品橱窗卖货等。

特效类视频的后期思路主要有以下四点。

❶ 首先要能够想象到一些现实生活中不可能出现的场景。当然，模仿科幻电影中的画面也是一个不错的方法。

❷ 寻找能够实现想象中场景的素材。比如要想拍出飞天效果的视频，那么就要找到与飞天有关的素材；要想学雷神，就要找到雷电素材等，如图14所示。

❸ 接下来运用剪映中的"画中画"功能，如图15所示，为视频加入特效素材，再与画面中的人物相结合，就能实现基本的特效画面。为了让画面更有代入感，人物要做出与特效环境相符的动作或表情。

❹ 为了让人物与特效结合得更完美、不穿帮，还可以尝试不同的"混合模式"，如图16所示。如果下载的特效素材是"绿幕"或者"蓝幕"，则可以利用"色度抠图"功能，来随意更换背景。

⚠ 图13

⚠ 图14

⚠ 图15

⚠ 图16

开箱类视频的后期思路

开箱类视频之所以能吸引观众的眼球，主要是出于"好奇心"，所以大多数比较火的开箱类视频都属于"盲盒"或者"随机包裹"一类。但一些评测类的视频也会包含"开箱"过程，其实也是利用"好奇心"让观众对后面的内容有所期待。抖音博主"良介开箱"正是靠此类视频而爆红，如图17所示。

流量变现方式：广告植入、商品橱窗卖货等。

为了能够充分调动观众的好奇心，开箱类视频的后期思路主要有以下五点。

❶ 在开箱前利用简短的文字介绍开箱物品的类别作为视频封面。比如手办或者鞋、包等，但不说明具体款式，起到引起观众好奇心的作用，如图18所示。

❷ 未开箱的包裹一定要出现在画面中，甚至可以多次出现，充分调动观众对包裹内物品的期待与好奇。

❸ 用小刀划开包装箱的画面建议完整地保留在视频中，甚至可以适当降低播放速度，如图19所示。

△ 图17

❹ 打开包装箱后，从箱子中拿物品到将物品展示到观众眼前可以剪辑为两个镜头。第一个镜头显示正在慢慢地拿物品，而第二个镜头则直接展示物品，营造出一定的视觉冲击力。

❺ 在视频最后加入对物品的全方位展示，以及适当的讲解，其时长最好占据整个视频的一半，从而给观众充分的时间来释放之前积压的好奇心，如图20所示。

△ 图18

△ 图19

△ 图20

美食类视频的后期思路

美食类视频的重点是要清晰地表现出烹饪的整个流程，并且拍出美食的"色香味"。因此，对美食类视频进行后期处理时，在介绍佳肴所需的原材料和调味品时，要注意画面切换的节奏；而在将菜肴端上餐桌时，则要注意画面的色彩。抖音博主"家常美食-白糖"正是靠此类视频而爆红，如图21所示。

流量变现方式：调味品广告、食材广告植入，以及商品橱窗售卖食品等。

△ 图 21

为了能够清晰表现烹饪流程，呈现菜肴最诱人的一面，其后期思路主要有以下四点。

❶ 在介绍所需调料或者食材时，尽量简短，并通过"分割"工具，让每个食材的出现时长基本一致，从而呈现出一种节奏感，如图22所示。

❷ 为了让每一个步骤都清晰明了，需要在画面中加上简短的文字，介绍所加调料或者烹饪时间等关键信息，如图23所示。

❸ 通过剪映或快影中的"调节"功能，增加画面的色彩饱和度，从而让菜肴的色彩更浓郁，激发观众的食欲。

❹ 美食视频的后期剪辑往往是一个步骤一个画面，视频节奏很紧凑。观众在看完一遍后很难记住所有步骤，因此在视频最后加入一张介绍文字烹饪方法的图片，可以使视频更受欢迎，如图24所示。

△ 图 22

△ 图 23

△ 图 24

混剪类视频的后期思路

目前抖音、快手或者其他短视频平台的混剪视频主要分为两类：第一类是对电影或者剧集进行重新剪辑，用较短的时间让观众了解其讲述的故事；第二类则是确定一个主题，然后从不同的视频、电影或者剧集中寻找与这个主题有关的片段，将它们拼凑到一起。

这两类视频均有不错的流量，但第一类对电影或剧集进行概括性讲解的混剪视频更受观众欢迎。抖音博主"止于心影视混剪"正是靠此类视频而爆红，如图25所示。

流量变现方式：广告和商品橱窗卖货。

混剪类视频的后期思路主要有以下三点。

❶ 在进行影视剧混剪之前，要将每个画面的逻辑顺序安排好，尽量只将对情节有重要推进作用的画面剪进视频中，并通过"录音功能"加入解说，如图26所示。

❷ 因为电影或者电视剧都是横屏的，而抖音和快手大多是竖屏观看，所以建议通过"画中画"功能将剪辑好的视频分别在画面上方和下方进行显示，形成如图27所示的效果。

❸ 对于确定主题后的视频混剪，则需通过文字或者画面内容的相似性，串联起每个镜头。比如不同影视剧中都出现了主角行走在海边的画面，利用场景的相似性就可以进行混剪，如图28所示。

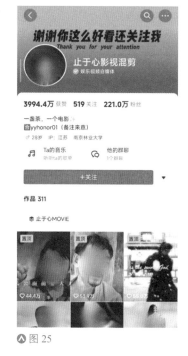

△ 图 25

 图 26

 图 27

△ 图 28

科普类视频的后期思路

目前抖音或快手中比较火的科普类视频主要是提供一些生活中的冷知识，比如"为何有的铁轨要用火烧？"或者"市面上猪蹄那么多，但为何很少见牛蹄呢？"

虽然即使不知道这些知识，对于生活也不会产生影响，但毕竟每个人都有"猎奇心理"，总是不能抗拒地想去了解这些奇怪的知识。抖音博主"笑笑科普"正是靠此类视频而爆红，如图29所示。

流量变现方式：广告植入和商品橱窗卖货。

科普类视频的后期思路主要有以下三点。

❶ 在第一个画面中要加入醒目的文字，说明视频要解决什么问题。这个问题是否能够引起观众的好奇心与求知欲，是决定观看量的关键所在，如图30所示。

❷ 科普类视频中需要包含多少个镜头，主要取决于需要多少文字能够解释清楚这个问题。因此在后期剪辑时，其思路与为文章配图是基本相同的。为了让画面不断发生变化，吸引观众继续观看，一般两句话左右就要切换一个画面，如图31所示。

❸ 为了让大多数人都能看懂科普类视频，也可以加入一些动画演示，让内容更加亲民。受众数量增加后，自然也会有更多的人观看，如图32所示。

△ 图 29

△ 图 30

△ 图 31

△ 图 32

宠物类视频的后期思路

抖音和快手中的高赞宠物类视频主要分为两类，一类是表现经过训练后的狗狗的听话懂事，通人性。抖音博主"金毛路虎一家人"正是靠此类视频而爆红，如图33所示。

另外一类则是记录它们萌萌的、有趣的一刻，其中抖音号"汤圆和五月"的流量较高。

流量变现方式：售卖宠物相关用品。

宠物类视频的后期思路主要有以下三点。

❶ 将宠物拟人化是宠物类视频中比较常用的方法，所以通过后期加入一些文字，再配合其动作，以表现出宠物好像能听懂人话的感觉，如图34所示。

❷ 对于一些表现宠物搞笑的视频，还可以利用文字来指明画面的重点，比如图35中表现出猫咪很凶。另外，选择一种比较"可爱"的字体，可以使画面显得更萌，如图35所示。

❸ 对于猫咪的一些习惯性动作，可以发挥想象力，给予其另外一种解释。比如猫咪"踩奶"的行为，其实来源于猫咪幼年喝奶时，通过爪子来回抓按母猫乳房以刺激乳汁分泌，从而让幼猫喝到更多的奶水。而在长大后，这种习惯依旧被保留下来了，用来表现其心情愉悦、有安全感。而将"踩奶"行为描述为"按摩"，则可以使宠物视频更加生动，如图36所示。

∧ 图 33

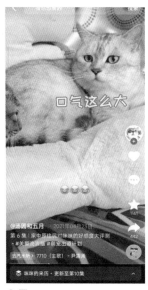

∧ 图 34

∧ 图 35

∧ 图 36

第 9 章

火爆抖音的后期效果案例教学

浪漫九宫格实操教学

本案例主要通过蒙版及画中画等功能，实现一张照片在九宫格中配合音乐的节拍依次出现的效果。视频从结构上可以分为三部分，第一部分是照片局部在九宫格中根据音乐节拍依次闪现的效果，第二部分是照片局部在九宫格中逐渐增加的效果，第三部分是照片完整显示在九宫格中。

步骤一：制作九宫格音乐卡点局部闪现效果

本步骤可以实现一张完整照片在九宫格中依次闪现的效果，具体操作方法如下。

❶ 导入一张比例为"1∶1"的人物图片素材，以及一张九宫格素材，并将人物图片安排在九宫格前方，如图1所示。然后点击界面下方的"比例"按钮，设置画布比例为"9∶16"（这种比例有利于在抖音、快手等手机短视频平台观看）。

❷ 点击界面下方的"画中画"按钮，点击"新增画中画"按钮，导入第二张图片素材，并调整其大小，使其刚好覆盖九宫格，并且周围还留有九宫格的白边，如图2所示。

❸ 点击界面下方的"蒙版"按钮，选择"矩形"蒙版，调节蒙版大小和位置，使画面中刚好出现左上角格子内的画面。蒙版的"圆角"可以通过拖动左上角的◎图标实现，如图3所示。

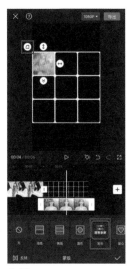

⋀ 图1　　　　　　　　　⋀ 图2　　　　　　　　　⋀ 图3

❹ 选中刚刚处理好的画中画图层，并点击界面下方的"复制"按钮，如图4所示。

❺ 此时将时间轴移动到复制的画中画图层区域时，界面中的九宫格消失了。这时选中主视频轨道中的九宫格素材，选中素材结尾白色方块向右拖动，使其覆盖画中画图层，九宫格则会重新出现，如图5所示。

❻ 选中复制的画中画素材，点击界面下方的"蒙版"按钮，将左上角格子的画面拖动至右侧格子中即可。这样就实现了左侧格子画面消失，另一个格子画面出现的"闪现"效果，如图6所示。

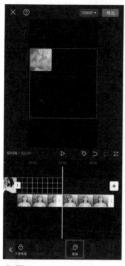

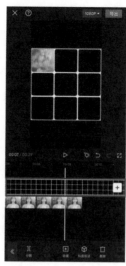

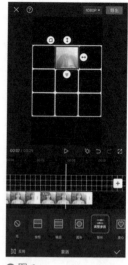

▲ 图4　　　　　　　　　▲ 图5　　　　　　　　　▲ 图6

❼ 接下来只需重复以上操作——"复制画中画""点击蒙版""拖动蒙版到下一个需要显示画面的格子"，直到9个格子都出现过画面为止。该视频中九宫格出现画面的顺序如图7所示。

❽ "闪现效果"制作完成后，点击界面下方的"音频"按钮，添加背景音乐，此处添加的是提前录制好的本地音乐"K歌音乐—Gamers"。选中该音乐，点击界面下方"节拍"按钮，如图8所示。

▲ 图7

❾ 点击"自动踩点"按钮，音频下方即会出现节拍点。但笔者认为该背景音乐的节拍点并不准确，因此选择手动添加。

❿ 根据音乐节拍点，将第一张照片的结束位置与节拍点对齐，如图9所示。

⓫ 根据音乐节拍点，将每一段画中画片段与节拍点对齐，从而实现"音乐卡点闪现"效果，如图10所示。

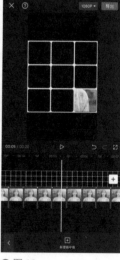

▲ 图8　　　　　　　　　▲ 图9　　　　　　　　　▲ 图10

提示

在调节蒙版位置，使其单独显示某一格子中的画面时，由于剪映的吸附作用，很难做到精确定位。但笔者在反复尝试后发现，如果快速、大幅度地移动蒙版位置，并在指定位置突然降速，就会有概率精确调节位置。

另外，当前后两段视频片段的画面有较大变化时，为了与音乐匹配得更好，最好在音乐旋律也有较大变化的节拍点时进行转场。

步骤二：制作照片局部在九宫格内逐渐增加的效果

"步骤一"中制作的"闪现"效果，其特点是下一个格子画面出现时，上一个格子的画面就消失了。而在"步骤二"中所要实现的，即为"步骤一"中最后显示的格子画面不再消失，并且跟随音乐节奏，其他格子的画面依次出现，最终在九宫格中拼成一张完整的照片，具体操作方法如下。

❶ 选中已经制作好的最后一个画中画片段，点击界面下方的"复制"按钮，并将复制后的片段与下一个节拍点对齐，如图11所示。

❷ 将刚刚复制得到的片段再复制一次，然后按住该片段将其拖动至下一个视频轨道上，并与上一轨道中的视频片段对齐，如图12所示。

❸ 选中第二次复制得到的片段，点击界面下方的"蒙版"按钮，如图13所示。

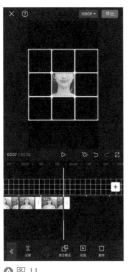

▲ 图 11

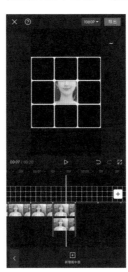

▲ 图 12

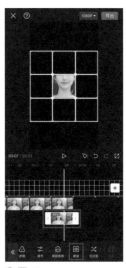

▲ 图 13

❹ 将蒙版拖动至右侧的格子上，使右侧格子出现画面，并且中间格子的画面依然存在，如图14所示。之所以会出现这种效果，是因为之前第一次复制的片段保证了中间格子的画面不会消失，第二次复制的片段在调整蒙版位置后，使另一个格子的画面出现。并且，这两个片段在两个视频轨道上是完全对齐的，所以两个格子的画面就会同时出现。

❺ 将第一层画中画轨道的画面拖动到下一个节拍点处，如图15所示。

⑥ 将第二层画中画轨道的视频复制一次，并对齐下一个节拍点，如图16所示。

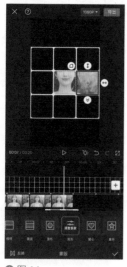

△ 图 14

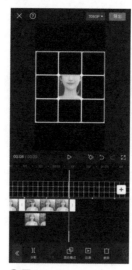

△ 图 15

△ 图 16

⑦ 再将复制得到的片段复制一次，长按并移动到下一层视频轨道上，使其与上一轨道的片段对齐，如图17所示。

⑧ 点击界面下方的"蒙版"按钮，并将其调整到如图18所示的位置上。

⑨ 按照同样的方法，继续让剩余格子的画面依次出现，最终实现如图19所示的效果。

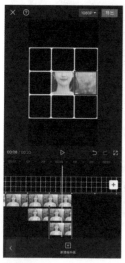

△ 图 17

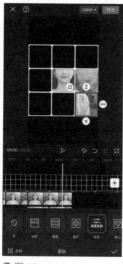

△ 图 18

△ 图 19

步骤三：制作完整图片出现在九宫格中的效果

在九宫格的全部画面都显示之后，让整张照片直接完整显示在九宫格内，具体操作方法如下。

❶ 选中最后一个轨道的视频片段并复制，如图20所示。

❷ 选中复制的视频片段，点击界面下方的"蒙版"按钮，如图21所示。

❸ 放大蒙版的范围，显示整张照片，并使其覆盖九宫格，注意四周要留有九宫格的白色边框，然后点击界面下方的"混合模式"按钮，如图22所示。

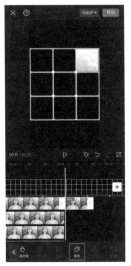
▲ 图 20

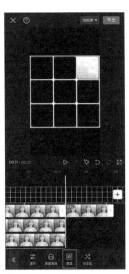
▲ 图 21

▲ 图 22

❹ 将"混合模式"设置为"滤色"，此时九宫格的"格子"就显示出来了，如图23所示。

❺ 将该视频片段与下一个节拍点对齐，同时将主轨道中的九宫格素材末尾也与之对齐，如图24所示。

❻ 选中背景音乐，将其末尾与主轨道素材末尾对齐，如图25所示。至此，视频内容就基本制作完成了。

▲ 图 23

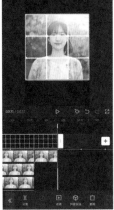
▲ 图 24

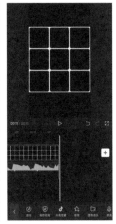
▲ 图 25

步骤四：添加转场、动画、特效等润色视频

最后为视频添加合适的转场、动画、特效等，让画面效果更丰富，变化更多样，具体操作方法如下。

❶ 为第一张照片素材与九宫格素材之间添加"运镜转场"分类下的"向左"效果，如图26所示。

❷ 选中第一张照片素材，点击界面下方的"动画"按钮，为其添加"入场动画"中的"向右下甩入"，并延长动画时间，如图27所示。

❸ 在人物图片与九宫格转换节点之前的一个节拍点处，添加"热门"分类下的"心跳"特效，如图28所示，并将特效的首尾对齐节拍点。

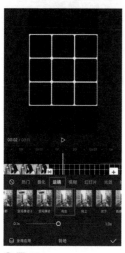

⬆ 图 26

⬆ 图 27

⬆ 图 28

❹ 当画面中出现九宫格后，为其添加"爱心"分类下的"少女心事"特效。注意，要将该特效的"作用对象"设置为"全局"，如图29所示。

❺ 最后，为每一个实现"九宫格闪现"效果的画中画轨道中的片段，增加一种入场动画效果，并将动画时长拖到最右侧，如图30所示。

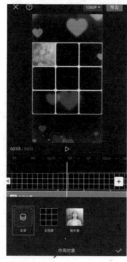

⬆ 图 29

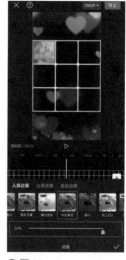

⬆ 图 30

利用绿幕素材合成创意特效视频实操教学

本案例主要通过"色度抠图"功能将绿幕素材抠出，从而与实拍画面进行合成。其难点在于，前期拍摄时的角度控制及在后期制作过程中，实拍画面与素材的互动效果。

步骤一：将绿幕素材合成到画面中

首先需要将绿幕素材与实拍画面进行合成，并且控制绿幕素材的位置及大小，具体操作方法如下。

△图31

❶ 由于素材是要放在地面上的"火箭发射平台"，并且素材的角度无法调整，所以需要控制前期拍摄时的角度，使绿幕素材合成到画面中后，其透视关系基本正常。可以先在某个角度拍摄一张照片，然后将绿幕素材合成到照片中，观察角度是否合适。确认合适后，再正式进行素材拍摄。该案例中实拍素材的画面效果如图31所示。

❷ 将实拍素材导入剪映中，然后依次点击"画中画""新增画中画"按钮，导入绿幕素材，并让其覆盖整个屏幕，如图32所示。

❸ 点击界面下方"抠像"中的"色度抠图"按钮，并将取色器选择到绿色区域，如图33所示。

❹ 点击"强度"按钮，适当向右拖动强度数值，直到绿色区域全部消失，如图34所示。

△图32

△图33

△图34

提示

在使用"色度抠图"功能时，如果将"强度"设置为最大也无法抠掉全部绿色区域，可以先稍稍提高"强度"数值，然后将素材放大，这样剩余的绿色区域也会被放大。接着再次点击"色度抠图"按钮，将取色器移动到放大后的绿色区域，往往就能得到不错的抠图效果。

⑤ 点击"阴影"按钮，适当向右拖动其数值，使抠出的景物的边缘更平滑，如图35所示。

⑥ 在保证绿幕素材覆盖整个画面的情况下，调整"火箭发射平台"的大小和位置，使其与场景融合得更自然，如图36所示。

⑦ 选中实拍素材，点击界面下方的"音量"按钮，将声音降低为"0"，从而关闭实拍素材的声音，如图37所示。

▲ 图 35

▲ 图 36

▲ 图 37

步骤二：让实拍画面与绿幕素材产生互动

突然在自己身旁发射了一枚火箭，肯定会让人十分吃惊。因此要让火箭发射的素材与实拍素材中人物的表情相匹配，具体操作方法如下。

❶ 将时间轴拖动到人物开始"有反应"的时间点，并拖动绿幕素材至该时间点再向左一点的位置。这样就可以实现画面中出现火箭平台声音后，人物开始扭头向后看的效果，如图38所示。

❷ 但此时出现一个问题，即实拍素材已经结束了，火箭依然没有升空，导致部分画面的背景是黑色的，效果很差。所以如果能够重新拍摄，建议将实拍素材的拍摄时间延长一些，使其能够覆盖整个素材动画。笔者这里并没有重新拍摄，而是利用"变速"功能，让实拍素材中人物回头看之前的速度降低了，从而达到延长视频时长的目的。

因此在选中实拍素材后，点击界面下方的"变速"按钮，如图39所示。

❸ 随后点击"曲线变速"按钮，选择"自定"选项，并降低人物回头前的视频速度，如图40所示。

提示

除了重新拍摄素材和降低实拍素材速度外，还可以利用变速功能，让火箭发射素材的播放速度变快。或者在视频一开始的地方，进行"定格"处理。因为观众的关注点会瞬间被火箭发射平台吸引，所以即便环境被"定格"，也不会对视频效果产生影响。总之，在剪辑过程中，针对同一个问题总会有多种不同的解决方法，读者应各位要在实际操作中多多思考。

◆图38

◆图39

◆图40

步骤三：制作人物惊讶表情的特写画面

本视频的亮点除了夸张的素材外，还在于人物在发现身旁进行火箭发射时的"惊讶表情"，接下来的处理就是为了让这个"惊讶表情"更为突出，具体操作方法如下。

❶ 将时间轴拖动到人物惊讶表情出现的位置，选中该视频片段，点击界面下方的"定格"按钮，如图41所示。

❷ 不要移动时间轴，选择下方绿幕素材轨道，再次点击"定格"按钮，如图42所示。

❸ 缩短实拍素材的定格片段至1.5秒，如图43所示。

◆图41

◆图42

◆图43

④ 将绿幕素材的定格片段与实拍素材的定格片段首尾对齐，如图44所示。

⑤ 选中实拍素材的定格片段，将时间轴移动至该片段开头，点击◇图标添加关键帧，如图45所示。

⑥ 将时间轴移动至实拍素材定格片段的尾端，然后放大画面并调整位置，让人物的惊讶表情出现在画面左上角，此时剪映会自动生成一个关键帧，如图46所示。

⚠ 图44

⚠ 图45

⚠ 图46

⑦ 为了让视频更有趣味，在人物出现惊讶表情的定格片段处，添加一个问号贴纸，如图47所示。

⑧ 最后，为惊讶表情处添加一个有趣的声效，进一步增加视频趣味性。

点击"音效"按钮后，选择"综艺"分类下的"疑问—啊？"音效，如图48所示。

通过确定该音效轨道的位置，使其与"问号"贴纸同步出现。

⚠ 图47

⚠ 图48

日记本翻页视频实操教学

本案例主要是利用背景样式及转场来营造日记本翻页的效果，非常适合用来展示外出游玩所拍摄的多张照片，并且充满文艺气息。

步骤一：制作日记本风格画面

首先来营造日记本的画面风格，具体操作方法如下。

❶ 将准备好的图片素材导入剪映中，并将每一张图片素材的时长调整为2.7秒，如图49所示。

❷ 点击界面下方"比例"按钮，并设置为"9:16"，如图50所示。该比例的视频更适合在抖音或者快手平台进行播放。

❸ 点击界面下方的"背景"按钮，选择"画布样式"选项，如图51所示。

▲ 图 49

▲ 图 50

▲ 图 51

❹ 在"画布样式"中找到如图52所示的很多小格子的背景，并点击"应用到全部"按钮。

❺ 选中第一张图片素材，然后适当缩小图片，使其周围出现背景的格子，并适当向画面右侧移动，为后面的文字留出一定的空间。并且当四周均出现"小格子"时，就出现了将照片贴在日记本上的感觉，如图53所示。

❻ 将其他所有照片都缩小至与第一张相同的大小，并放置在相同的位置上，如图54所示。

提示

如何让每一张图片的大小和位置都基本相同呢？对于本案例而言，先缩小照片，然后记住左右空出了多少个格子。再向右移动照片，记住与右侧边缘间隔多少个格子。这样，每张照片都严格按照先缩小，再向右移动的步骤，并且缩小后空出的格子及移动后与右边间隔的格子都保证一样，就可以实现位置和大小基本相同了。当然，前提是导入的照片比例一样。

△ 图 52

△ 图 53

△ 图 54

⑦ 依次点击界面下方的"文字""新建文本"按钮，输入每张图片的拍摄地，并将字体设置为"新青年体"，然后切换到"样式"选项卡下的"排列"，点击■图标，将文字竖排，如图55所示。

⑧ 再选择"文本"，将字体颜色设置为灰色（白色字体与背景相似，难以分辨），如图56所示。

⑨ 然后将文字安排在图片左侧居中的位置，将文字轨道与对应的图片轨道首尾对齐，如图57所示。

⑩ 复制制作好的文字，根据拍摄地点更改文字后，将其与视频素材轨道对齐，如图58所示。

△ 图 55

△ 图 56

△ 图 57

△ 图 58

步骤二：制作日记本翻页效果

接下来将通过添加转场实现日记本"翻页"效果，具体操作方法如下。

❶ 点击视频片段之间的 图标，选择"幻灯片"分类下的"翻页"转场效果，将时长设置为0.7秒，并点击"全局应用"按钮，如图59所示。

❷ 添加转场效果后，文字与图片素材就不是首尾对齐的状态了，所以需要适当拉长图片素材，使转场刚开始的位置与上一段文字的末端对齐，如图60所示。

❸ 按照此方法，将之后的每一张图片素材均适当拉长，使其与对应的文字末尾对齐，如图61所示。

△ 图 59

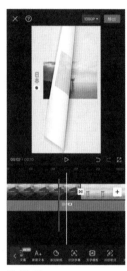
△ 图 60

△ 图 61

❹ 选中对应第二张图片的文字，点击界面下方的"动画"按钮，如图62所示。

❺ 选择"入场"动画中"向左擦除"动画，并将时长设置为0.7秒，如图63所示。为文字添加动画是为了让其更接近"翻页"时，文字逐渐显现的效果。

需要注意的是，不用为第一张照片对应的文字添加动画，因为"第一页"是直接显示在画面中的，而不是"翻页"后才显示的。

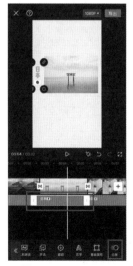
△ 图 62

△ 图 63

步骤三：制作好看的画面背景

下面为"日记本"添加一些好看的"封面"，让画面更精彩，具体操作方法如下。

❶ 依次点击界面下方的"画中画"、"新增画中画"按钮，选中准备好的素材图片并添加到视频轨道上。然后适当放大该图片，使其图案覆盖画面，如图64所示。

❷ 然后点击界面下方的"编辑"按钮，再点击"裁剪"按钮，如图65所示。

❸ 裁剪下图片中需要的部分，并将其移动到画面上方作为背景，如图66所示。

❹ 接下来重复以上三个步骤，为界面下方也添加背景图片，并且让这两个画中画图层覆盖整个视频轨道，如图67所示。

⚠ 图 64

⚠ 图 65

⚠ 图 66

⚠ 图 67

❺ 依次点击界面下方的"文字""新建文本"按钮，在画面中添加"旅行日记"标题，让该轨道覆盖整个视频，如图68所示。

❻ 点击界面下方的"添加贴纸"按钮，搜索并添加"旅行日记"贴纸，并让其覆盖整个视频轨道，如图69所示。

最后，添加一首自己喜欢的背景音乐，即完成"日记本"翻页效果的后期制作。

⚠ 图 68

⚠ 图 69

三屏动态进场效果实操教学

本案例主要分为两部分，第一部分是三屏分别在不同时间进场的效果，第二部分是对每个场景进行单独展示。本案例中综合运用了蒙版、画中画、音乐卡点、变速曲线、动画等功能。

步骤一：导入音乐并标注节拍点

既然涉及音乐卡点，所以在添加素材后，首先就要导入音乐，并标注出关键节拍点，具体操作方法如下。

❶ 点击"开始创作"按钮后，选择界面上方"素材库"选项，选择"黑场"并添加，如图70所示。

❷ 由于本案例效果需要与背景音乐高度匹配，在剪映中的音乐素材中又难以找到合适的音乐，所以此处将提取一段音频。点击界面下方的"音频"按钮，然后点击"提取音乐"按钮，如图71所示。

❸ 选中准备好的素材，点击界面下方的"仅导入视频的声音"，如图72所示。

❹ 选中导入的音乐，点击界面下方的"节拍"按钮，并根据节拍进行"手动踩点"。由于本案例共有6个画面跟着节拍点的节奏出现，因此标注上6个关键节拍点即可，如图73所示。

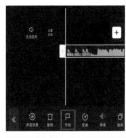

◬ 图70　　　◬ 图71　　　◬ 图72　　　◬ 图73

提示

之所以加入黑场，是因为在三屏动态展示画面时，每一部分之间的线条都是黑色的，所以此处的黑场其实相当于是视频的背景。另外，对于需要"音乐卡点"的视频而言，往往首先需要确定的就是背景音乐及节拍点，因为之后确定片段时长时，均需要与对应的节拍点一一对应。

步骤二：制作三屏效果

本步骤的目的是将三个画面以每次大概1/3的比例出现在视频中，具体操作方法如下。

❶ 依次点击界面下方的"画中画""新增画中画"按钮，将第一段视频素材导入，并调整画面大小和位置，使最具美感的日出部分位于画面的左侧，如图74所示。

❷ 选中视频素材后，点击界面下方的"蒙版"按钮，选择"镜面"蒙版。调整蒙版角度至-69°，并使其覆盖画面左侧，如图75所示。

❸ 接下来通过"画中画"功能添加最右侧出现的视频片段，并调整画面大小和位置，使素材右侧的高楼出现在画面的右侧，如图76所示。

◭ 图74　　　　　　　　　◭ 图75　　　　　　　　　◭ 图76

❹ 选中第二段视频素材，点击界面下方的"蒙版"按钮，依旧选择"镜面"蒙版，并同样将蒙版角度调整为-69°。但此时需要移动蒙版位置，使画面右侧出现影像，如图77所示。

❺ 按照同样的方法，将第三段素材添加至画中画轨道，并将需要出现的部分放置在画面中间位置，如图78所示。

❻ 选中第三段视频素材，点击界面下方的"蒙版"按钮，依旧选择"镜面"蒙版，并同样将蒙版角度调整为-69°，然后调整蒙版位置和大小，使其与左右两部分画面的间距基本相同，如图79所示。

❼ 接下来确定每一部分画面出现的时间。选中首先在左侧出现的视频素材，将其开头与第1个节奏点对齐，末尾与第4个节奏点相对齐（第4个节奏点之后将进入单独场景的变速展示）；然后选中在右侧出现的视频素材，将其开头与第2个节拍点对齐，末尾依然与第4个节拍点对齐；最后选择在中间出现的视频素材，将其开头与第3个节拍点对齐，末尾同样与第4个节拍点对齐。素材起始点位置最终确定后，编辑界面如图80所示。

这样，三屏画面就会依次出现，在第3个节拍点后均出现在画面中，并且在第4个节拍点后一起消失。

⚠ 图 77

⚠ 图 78

⚠ 图 79

⚠ 图 80

步骤三：调整单个画面的显示效果

接下来制作案例的第二部分，也就是让每个场景完整地出现在画面中，并让视觉效果更
为突出，具体操作方法如下。

❶ 点击主视频轨道右侧的[+]图标，添加第一段视频素材，如图81所示。

❷ 选中该段素材，依次点击界面下方的"变速""曲线变速"按钮，选择"闪进"效
果，如图82所示。

❸ 点击"点击编辑"按钮，进入手动编辑界面。提高左侧两个锚点的位置，让素材前半
段的速度更快，如图83所示。

❹ 将素材填充整个画面，然后将其开头位置对齐第4个节拍点，将其末尾对齐第5个节拍
点。如果此时素材过长，则直接将其缩短至第5个节拍点即可，如图84所示。

⚠ 图 81

⚠ 图 82

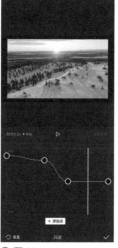
⚠ 图 83

⚠ 图 84

❺ 按照相同的方法，将第二个视频片段导入主视频轨道中，然后调节变速效果，并将其开头对齐第5个节拍点，末尾对齐第6个节拍点，如图85所示。

❻ 第三个视频的处理方法与前两段几乎完全相同，唯一不同之处在于，选择的是"曲线变速"分类下的"蒙太奇"效果，然后手动提高前半段的速度，并将其开头与最后一个节拍点对齐，如图86所示。

❼ 接下来，将背景音乐后面多余的部分进行"分割"并"删除"即可，如图87所示。

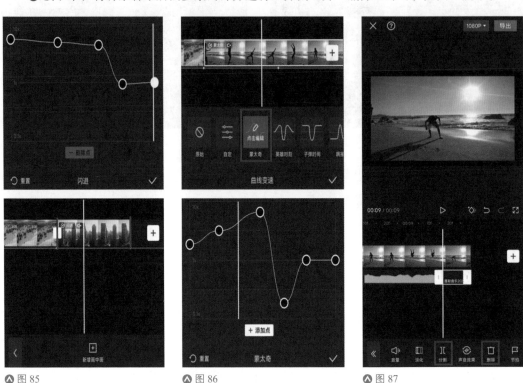

▲ 图 85　　　　　▲ 图 86　　　　　▲ 图 87

步骤四：添加动画及特效让视频更具动感

通过上述操作视频的表现形式、内容，以及与音乐的匹配都已经完成。接下来利用剪映的动画及特效功能，让视频的每一个画面都更具视觉冲击力，更有动感，具体操作方法如下。

❶ 选中第一个画中画视频片段，点击界面下方的"动画"按钮，如图88所示。

❷ 选择"入场动画"分类下的"向下甩入"动画，如图89所示。

❸ 按照相同的方法，为画中画轨道中的第二个和第三个视频素材，分别添加入场动画分类下的"轻微抖动"和"向左下甩入"动画，如图90所示。

> **提示**
>
> 　　动画可以根据自己的喜好进行添加，不必拘泥于本案例中所选择的效果。但一些节奏感比较强、比较快的视频，适合添加如"抖动""甩入"等强调动感的动画。另外，也不建议增加动画时长，因为这样会让视频显得"拖泥带水"，不利于节奏感的表现。

❀ 图 88

❀ 图 89

❀ 图 90

❹ 点击界面下方的"特效"按钮，添加"综艺"分类下的"冲刺"特效，如图91所示。

❺ 仔细听背景音乐，将特效的开头确定在出现刺耳、尖锐声音的时刻（大约在接近2秒的位置），并将结尾对齐第4个节拍点，如图92所示。

❻ 选中该特效，点击界面下方的"作用对象"按钮，并选择"全局"选项，如图93所示。

❀ 图 91

❀ 图 92

❀ 图 93

提示

如果某个场景过于昏暗，可以在选中该视频素材后，点击界面下方的"调节"按钮，并通过调整"亮度""光感""阴影"的数值，获得亮度合适的画面。

酷炫人物三屏卡点实操教学

本案例使用剪映专业版（PC版）进行制作，但通过手机版同样可以实现此效果，只不过个别工具的位置及操作方法略有不同。

制作此效果的重点在于，利用剪映中的定格及画中画功能，实现同一段连续的画面分成三屏进行显示，并且每一屏的出现都与音乐节拍点相契合。

步骤一：确定画面比例和音乐节拍点

既然涉及音乐卡点，那么首先需要确定的就是背景音乐和节拍点，具体操作方法如下。

❶ 打开剪映专业版，依次点击左上角的"媒体""素材库"按钮，选择"热门"中的黑场并添加，如图94所示。

❷ 点击预览窗口右下角的"比例"按钮，将画面比例设置为"9∶16"，如图95所示。

⚠ 图94

⚠ 图95

❸ 依次点击界面上方的"音频""音频提取"按钮，导入准备好的视频素材。此时，剪映会自动将该视频的背景音乐提取出来。然后将该音频添加至音频轨道，如图96所示。

⚠ 图96

❹ 接下来为音频手动添加节拍点。在剪映专业版中，点击时间线左上角的⏻图标，即可为时间轴所在位置添加节拍点，如图97所示。

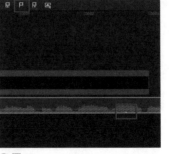
⚠ 图97

⑤ 对于本案例的背景音乐而言，在所有出现"枪声"的地方添加节拍点即可。添加节拍点后的视频轨道如图98所示。

▲ 图 98

步骤二：添加文字并确定视频素材在画面中的位置

接下来制作视频开头文字的部分，并让视频素材以三屏的形式在画面中出现，具体操作方法如下。

❶ 将"黑场"素材的末尾与第1个节拍点对齐，从而确定文字部分的时长，如图99所示。

❷ 依次点击左上角的"文本""新建文本"按钮，将鼠标悬停在"默认文本"上方，并点击右下角的"＋"图标，即可新建文本轨道，如图100所示。

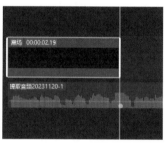

▲ 图 99

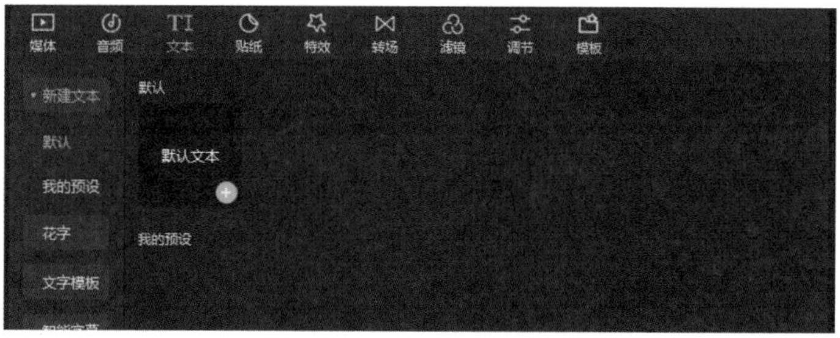

▲ 图 100

❸ 选中新建的文本轨道，在界面右上方即可编辑文字内容。根据背景音乐的歌词，此处可输入"Ya"，如图101所示。

❹ 保持该文本轨道处于选中状态，点击右上角的"动画"按钮，为其添加"入场动画"中的"收拢"效果，如图102所示。

❺ 再新建两个文本，分别输入"What can I say""It's OK"这两句话，并通过相同的方法处理。

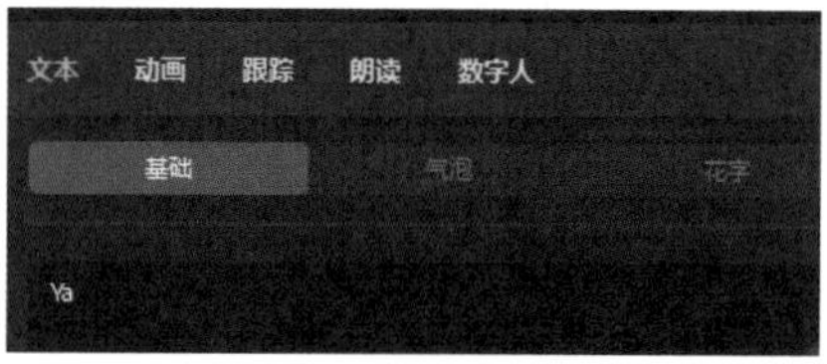

> **提示**
>
> 为了增加处理效率，读者可以直接复制已经处理好的"Ya"的文本轨道，然后只需修改文字内容即可，而不用重新设置字体和动画。

▲ 图 101

▲ 图 102

⑥ 根据背景音乐中歌词的出现时刻，确定这三句英文在轨道上的具体位置，实现歌词唱到哪句就在画面中出现哪句文字的效果，如图103所示。

⑦ 将视频素材导入剪映中，然后添加至视频轨道，使其紧接黑场素材。将时间轴移动到第2个节拍点处，点击时间线左上角的 ⅠⅠ 图标进行分割，如图104所示。

⑧ 将时间轴移动到第3个节拍点处，并进行分割，如图105所示。这样，就将一段视频素材分割成了3段，为之后3个画面依次出现在画面中打下了基础。

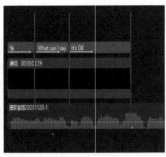

▲图 103

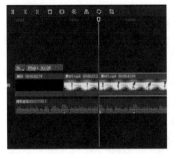

▲图 104

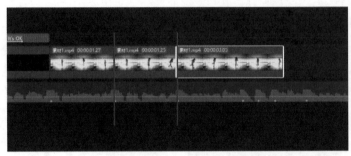

▲图 105

⑨ 按时间顺序，将分割出的后两段视频分别放在主视频轨道上方的第一层和第二层视频轨道上，此处相当于手机版剪映的画中画功能，如图106所示。这里先不用确定其起始位置，只要将其拖拽到各自的视频轨道即可。

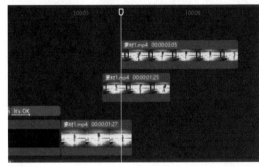

▲图 106

⑩ 选中主轨道视频，因为该视频片段是第一个出现的，所以将其移动到画面的最上方，如图107所示。

⑪ 接下来按照相同的方法，分别选中第2层和第3层视频轨道的素材，并将其分别置于画面中央和最下方，如图108所示。

▲图 107

▲图 108

步骤三：制作随节拍出现画面的效果

通过精确控制每一层轨道上视频素材的起始位置，配合"定格"功能，即可实现随节拍出现画面，并且凝固某一瞬间的效果，具体操作方法如下。

❶ 将时间轴移动到主轨道素材的末尾，点击时间线左上角的 ▣ 图标，如图109所示。此时在该素材后方会出现一段时长为3秒的定格画面。

❷ 选中该定格画面，并将其末尾与第4个节拍点对齐，如图110所示。

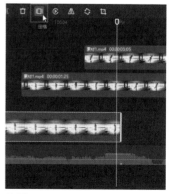

◭ 图 109

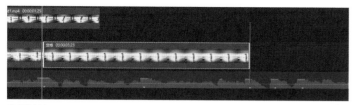

◭ 图 110

❸ 选中第2条视频轨道的素材，并将其起点与第2个节拍点对齐，如图111所示。

❹ 然后将时间轴移动到该段素材的末尾，点击 ▣ 图标进行定格，并将定格画面的结尾与第4个节拍点对齐，如图112所示。

❺ 最后将第3条视频轨道素材的开头与第3个节拍点对齐，结尾与第4个节拍点对齐即可，如图113所示。

这样就形成了三屏随节点出现在画面中，并且每一屏出现时，上一屏的画面定格。

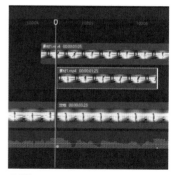

◭ 图 111

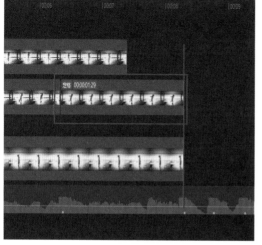

◭ 图 112

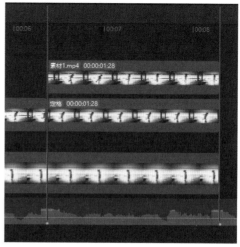

◭ 图 113

⑥ 下面制作三张静态图片按照节拍点三屏显示的效果。其实，如果学会了以上动态视频三屏显示效果的制作方法，后面的静态图片三屏显示的方法几乎完全相同。不同之处在于，不用分割，也不用定格了。这里不再赘述操作方法，处理完成后的轨道如图114所示。

⑦ 接下来还有一段女孩跳舞的视频，需要按照与上文所述相同的方法，也制作为三屏显示效果。女孩跳舞部分处理完成后的轨道如图115所示，可以看出与男孩跳舞的轨道如出一辙，在此不再赘述。

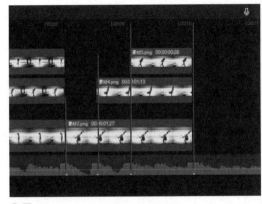
⚠ 图 114

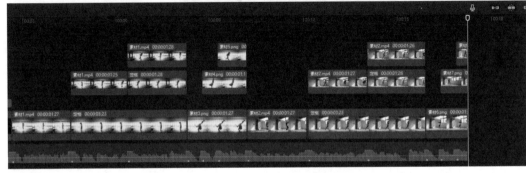
⚠ 图 115

⑧ 最后，为了使每个视频片段出现时不显单调，为其添加动画。在本案例中，添加的多为"入场动画"分类下的"轻微抖动"或者甩入类特效。因为此类特效的爆发力比较强，适合与背景音乐中的"枪声"节拍点相匹配，如图116所示。

按照上述方法，依次为主视频轨道和多个画中画轨道中的每一个片段都添加特效，完成本案例的制作。

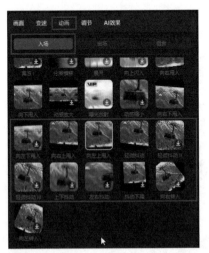
⚠ 图 116

第 10 章

随时随地用剪映

利用"提词器"功能轻松录口播

"提词器"功能的作用

"提词器"功能允许用户在录制视频时观看台词。无须使用另一台手机进行辅助，用户可以在提词器中输入台词内容，并在录制屏幕时看到台词。此外该功能还提供了一些设置选项，如字体大小和颜色。对录制第一人称视角视频口播非常有帮助。

利用"提词器"功能轻松录口播

❶ 打开剪映，在剪辑页面点击界面右上方的"展开"按钮，在展开的菜单栏中点击"提词器"功能，如图1所示。

❷ 在提词器界面，输入将要录制视频的台词标题和台词内容，如图2所示。

❸ 点击右上角"去拍摄"按钮进入拍摄画面，在拍摄画面中，台词已经在屏幕中显示出来，如图3所示。

❹ 点击"台词设置"按钮，可以在弹出的设置框中设置台词的"滚动速度""字号"以及"字体颜色"，如图4所示。

△ 图1　　　　△ 图2　　　　△ 图3　　　　△ 图4

利用"剪映云"功能实现多端互通

"剪映云"功能的作用

将草稿或素材存储在"剪映云",任何设备登录同一剪映账号的使用者都可以从"剪映云"下载草稿和素材,从而使用户在不同设备可以对同一草稿或素材进行协同操作。

利用"剪映云"功能实现多端互通

❶ 打开剪映,在剪辑页面点击"剪映云"选项,如图5所示。

❷ 在打开的界面中点击"立即上传",上传所需的草稿和素材,如图6所示。

❸ 勾选需要上传的草稿,在左下角选择上传到哪个文件夹,最后点击"上传",如图7所示。

❹ 上传完毕后,上传的草稿就在"剪映云"中出现了,如图8所示。同时在剪映专业版登录同一个剪映账号就可以看到并且编辑下载剪映云里面的内容了,如图9所示。

◐ 图 5

◐ 图 6

◐ 图 7

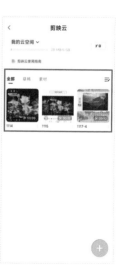
◐ 图 8

◐ 图 9

利用"小组云空间"功能提高团队效率

在剪映中，"小组云空间"功能是一项非常实用的功能，它可以让用户和其他人合作编辑同一个项目或视频，从而实现快速且高效的协作编辑。此外，剪映小组功能还内置了内部聊天工具，方便团队成员之间进行沟通和讨论，将视频草稿上传到小组云空间，可以进行讨论与在线批注。另外，此功能还可以自动保存不同的版本，从而方便地回溯到之前的编辑状态，避免意外修改带来的损失。由上述功能可见，此功能的出现对简化团队协作的流程、提高团队的工作效率有着极大的助力，如图10所示。

△ 图 10

"草稿文件"的应用

"模板"功能的作用

模板是一种事先设计好的草稿文件，包括整体的视频模板和部分的素材包，整体的视频模板编辑导出以后，是一个完整的视频，部分素材包在编辑以后可能是片头或是片尾，基本上只能作为视频的一部分，用户在使用这两种模板时只需要将文字图片替换成自己的素材即可完成剪辑，模板一般用于快速创建类似或相同类型的作品，帮助用户节省时间和精力，同时提供专业级的效果和设计。

利用"模板"功能一键剪视频

❶ 打开剪映专业版，在主界面选择"模板"选项，如图11所示。

❷ 根据拍摄内容选择合适的模板，也可以通过上方的搜索框搜索模板或者根据需求筛选模板，因为准备的素材是景色视频，所以这里选择的是"年少的你啊"模板，如图12所示。

❸ 点击"使用模板"，进入剪映编辑界面，轨道界面变成了添加素材的界面，根据模板素材数量要求上传相应数量的素材，右上侧属性界面变成了修改文本的界面，想要修改模板中的文字，在这里找到相应的位置修改即可，如图13所示。

❹ 最后点击右下角"完成"按钮，进入到正常的剪映编辑界面进行其他操作，如果想直接导出，点击右上角"导出"按钮，即可将视频导出，如图14所示。

◆ 图 11

◆ 图 12

◆ 图 13

◆ 图 14

剪映专业版导入工程文件

目前剪映专业版已经支持Adobe Premiere Pro的工程文件（后缀prproj）的导入，这一功能的增加实现了两款不同软件的无缝过度。意味着不需要重新编辑或者剪辑视频，在剪辑过程中，可以充分发挥两款软件的优势，节省剪辑时间提高剪辑效率，操作步骤如下。

❶ 打开剪映专业版，点击"开始制作"界面右上角的"全局设置"按钮，如图15所示。

❷ 在弹出的菜单栏中点击"全局设置"按钮，如图16所示。

❸ 在"全局设置"面板中把"导入工程"打开，点击保存，如图17所示。

◆ 图 15

❹ 回到"开始制作"界面，你会发现在"草稿"的右侧增加了一个"导入工程"按钮，点击"导入工程"按钮或者将工程文件直接拖进来，即可在剪映中添加工程文件的草稿，如图18所示。

⚠ 图 16　　　　　⚠ 图 17　　　　　⚠ 图 18

❺ 打开一个导入的工程文件，会发现内容布局和在PR中基本一致，如图19和图20所示。

⚠ 图 19　　　　　　　　　　⚠ 图 20

❻ 虽然剪映可以导入工程文件了，但是有些效果无法导入，比如转场特效和视频效果，在此工程文件中，可以看到在前两段视频中间增加了"交叉划像"过渡效果，并给第二段视频增加了"镜头扭曲"视频效果，但在剪映中却没有转场和视频效果，如图21和图22所示。所以在导入工程文件后切记对比前后内容要一致。

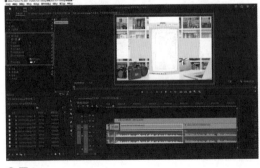

⚠ 图 21　　　　　　　　　　⚠ 图 22

剪映专业版导入草稿文件

文件草稿导入并非剪映自带的风格，目前剪映只支持工程文件的线上分享使用，并不支持工程文件的导出编辑。但是，我们可以使用其他方式将文件草稿导入本地草稿箱内。

❶ 打开剪映专业版，点击"开始制作"界面右上角的"全局设置"按钮，在弹出的菜单栏中点击"全局设置"，此步骤与上一节前两步一致，此处不再演示。

❷ 在"全局设置"面板中点击草稿的文件夹按钮，如图23所示。

❸ 在打开的文件夹中导入事先准备好的剪映草稿文件，如图24所示。

❹ 回到"开始制作"界面，你会发现"草稿"中多了一个导入的草稿文件，如图25所示，点击此草稿即可进行剪映操作，如图26所示。

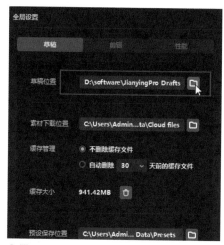

◈ 图 23

◈ 图 24

◈ 图 25

◈ 图 26

第 11 章

利用剪映的 AI 与数字人技术
高效制作视频

利用"智能剪口播"功能快速去语气词

"智能剪口播"功能的作用

在录制一些解说、口播、知识讲解等视频中，难免因为个人习惯或者表达错误导致解说语音中出现个人语气词或失误片段，这些因素无疑增加了后期剪辑的时间。这时就可以使用剪映的智能剪口播功能一键剪辑口播。

"智能剪口播"功能的应用

❶ 在剪映专业版中导入一段口播视频素材，如图1所示。

❷ 选中视频轨道，点击常用公区中的▣按钮，如图2所示。

❸ 在弹出的智能剪口播面板中，AI已经将视频中的语气词、停顿及重复片段识别到，并在右侧文字列表中选中并删除，如图3所示。

❹ 点击"确认删除"按钮，剪辑完成的口播片段便出现在轨道上，如图4所示。

⚠ 图1

⚠ 图2

⚠ 图3

⚠ 图4

利用"文字成片"功能实现自动剪辑

"文字成片"功能的作用

"文字成片"功能可以仅仅让我们提供文案，由剪映AI工具根据文本中关键词的描述，自动生成画面，配音以及字幕，即使对于没有专业视频编辑经验的人来说，也能够快速制作出具有文字成片效果的视频。

利用"文字成片"功能实现自动剪辑

❶ 打开剪映专业版，在主界面点击"文字成片"选项，如图5所示。

❷ 在打开的"文字成片"窗口中，可以将事先准备好的文案粘贴进来，也可以点击左下角的"智能写文案"让AI根据你的主题编写文案，如图6所示。

❸ 为了向大家展示AI的强大，这里选择用"智能写文案"生成一个小故事，主题为"猫和狗的故事"，字数"200字"，配音根据自己的喜欢选择即可，这里选择的是"译制片男"，如图7所示。

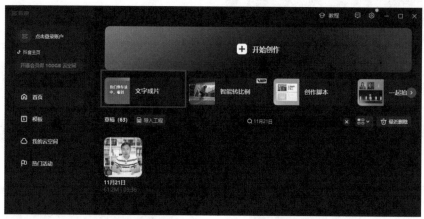

▲ 图5

▲ 图6

▲ 图7

④ 确定好主题及字数后，点击按钮，文案即可生成，如图8所示，如果对当前文案不满意，可以点击➡️⬅️按钮切换其他文案，如图9所示。

⑤ 选择好合适的文案以后，点击"确认"按钮，在"文字成片"窗口中右下角选择生成视频的方式，这里有三种，因为我们是智能生成的文案，没有准备相应的素材，所以选择"智能匹配素材"，如图10所示。

⑥ 选完匹配素材方式以后，点击"生成视频"按钮，等待剪映生成视频，生成好的视频以剪映草稿的形式呈现出来，不满意的地方还可以自行修改或删减，如图11所示。

△ 图 8

△ 图 9

△ 图 10

△ 图 11

"文字成片"让文章快速成片

❶ 打开剪映专业版，在主界面点击"文字成片"选项，如图12所示。

❷ 在打开的"文字成片"窗口中，点击智能文案旁边的 🔗 按钮，将你在头条中写好的文章或者找到的文章链接粘贴到文本框中，如图13所示。

❸ 点击文本框右侧"获取文字"按钮，文章中的内容便自动添加到文案框中，配音根据自己的爱好选择即可，这里选择的是"纪录片解说"，如图14所示。

❹ 确定好文案以后，在"文字成片"窗口右下角选择生成视频的方式，如图15所示。

⚠ 图 12

⚠ 图 13

⚠ 图 14

⚠ 图 15

　　如果有自己创作的文章并且有相应的图片视频素材，可以选择"使用本地素材"，如图16所示，如果是参考别人的文章，没有相应的素材，这里可以选择"智能匹配素材"或"智能匹配表情包"，上文中讲解了"智能匹配素材"，因此这里只展示"智能匹配表情包"，如图17所示。

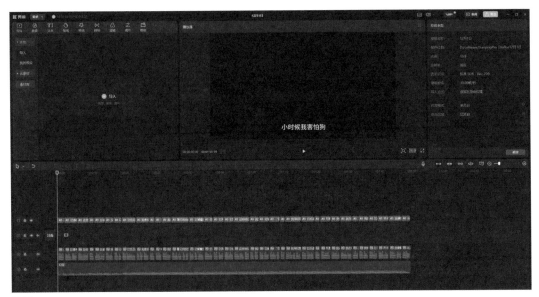

◆ 图 16

◆ 图 17

通过"数字人"功能实现视频解说

"数字人"功能的作用

有些视频虽然增加了配音，但是由于内容过于单调依旧没有吸引力，其实可以通过"数字人"功能为视频增加一个AI假人解说，让视频显得更为生动。下面通过一个简单的实例教学，来讲解添加数字人的操作方法。

通过"数字人"功能实现视频解说

❶ 选中已经添加好的文本轨道，点击界面下方的"数字人"按钮，如图18所示。

❷ 在弹出的选项中，可以选择喜欢的数字人形象。这里选择的是"小赖—青春"形象，如图19所示。另外，如果取消选择图19红框内的"应用至所有文本"复选框，则只对选中文本进行操作。

❸ 生成好的数字人单独形成了一个轨道，可以在"画中画"中找到它，通过"放大"或者"缩小"的手势，可调整数字人大小，通过"拖移"数字人，可调整其位置，还可以通过"换形象""编辑文案""换音色"以及"景别"按钮实现其他操作，如图20所示。

❹ 如果是9∶16的竖版视频，还可以把数字人放在上下黑边或者背景中，不仅增加了视频解说还让视频看起来更加和谐，如图21所示。

⚫ 图 18

⚫ 图 19

⚫ 图 20

⚫ 图 21

通过"克隆音色"功能快速配音

"克隆音色"功能的作用

当进行视频制作时，由于配音能力的限制，许多创作者不得不依赖于剪映内置的朗读功能进行配音。然而，通过克隆音色功能，用户能够轻松复制自身的原始声音，并将其应用于视频文本中。这样一来，创作者便能够迅速实现准确、无误的配音效果。

通过"克隆音色"功能快速配音

❶ 点击"新建文本"按钮，任意输入文字以方便进入"文本朗读"界面，如图22所示。

❷ 选中文本轨道，在下方功能区中找到"文本朗读"功能按钮，如图23所示。

❸ 进入剪映音色生成条款界面阅读使用须知，勾选"我已阅读并同意剪映音色生成条款"，点击下方"去录制"按钮，如图24所示。

❹ 点击下方的"录制"按钮，根据文本例句进行有感情地朗读，如图25所示。

△ 图 22　△ 图 23

△ 图 24

△ 图 25

❺ 录制成功之后，在"点击试听"选项卡中可选择中、英两种朗读方式进行试听，点击下方"音色命名"选项卡中的修改按钮可以对音色进行自定命名，若音色符合预期要求，点击下方"保存音色"按钮进行保存，如图26所示。

❻ 保存音色之后，点击"文本朗读"按钮，便可在"克隆音色"中查看克隆的音色，如图27所示。

❼ "点击新建文本"将文案内容输入进文本框内，如图28所示。

❽ 在"文本朗读"中点击"我的"按钮，使用克隆声音进行快速配音，需要注意的是，使用此功能进行视频制作，视频左上角会自动添加"AI生成"标示，如图29所示。

⚠ 图26

⚠ 图27

⚠ 图28

⚠ 图29

利用"AI商品图"功能高效出图

"AI商品图"功能的作用

随着AI技术的不断推进，在"AI智能口播""文字成片""智能文案"数字人等功能之后，剪映手机端为了满足不同设备需求推出了一项新的AI功能——"AI商品图"功能。其功能主要是利用人工智能技术对商品图像进行背景删除和添加新场景的处理。在通常情况下，商品图像会有一些不必要的背景或环境，通过抠图处理可以将商品从背景中分离出来，使其更为突出并且适应不同的展示场景。

利用"AI商品图"功能高效出图

❶ 打开剪映，在剪辑页面点击界面右上方的"展开"按钮，在展开的菜单栏中点击"AI商品图"按钮，如图30所示。

❷ 在弹出的选择素材窗口选中准备好的商品素材图，然后点击右下角"编辑"按钮，如图31所示。

❸ 在进入的"AI商品图"界面选择一个合适的背景，这里选择的是"城市天际"，如图32所示，如果对第一次选择的背景生成效果不满意，继续点击会生成新的背景。

❹ 由于上传的商品素材图中的商品显示过大，导致没有空间输入文字，所以要调整商品的大小，点击商品会出现控制框，通过"放大"或"缩小"的手势，可调整商品的大小，通过拖拽可以调整商品的位置，如图33所示。

⚠ 图30

⚠ 图31

⚠ 图32

⚠ 图33

❺ 点击 ☑ 按钮，即可生成调整完以后的商品图，如图34所示。

❻ 继续点击 ☑ 按钮，进入商品图编辑界面，在这里可以为商品图更换风格、背景，添加文字、图片、贴纸，调整尺寸，如图35所示。

❼ 点击"文字"按钮，为商品添加"SALE"文字，如图36所示。

❽ 最后，根据需求选择合适的尺寸，点击右上角"导出"按钮，即可完成AI商品图的创建，如图37所示。

⚠ 图34

⚠ 图35

⚠ 图36

⚠ 图37

利用"智能转比例"功能实现横竖屏秒切

"智能转比例"功能的作用

在"智能转比例"功能没出来之前，横竖屏切换只能通过先更改画面比例，再调整画面位置大小实现，步骤烦琐复杂，在增加"智能转比例"功能以后，不仅可以一键实现横竖屏的切换，还能自动将视频画面固定在主体上，使用起来十分方便。

利用"智能转比例"功能实现竖屏秒切横屏

❶ 打开剪映专业版，在主界面点击"智能转比例"按钮，如图38所示。

❷ 在弹出的"智能转比例"窗口中，点击"导入视频"按钮，上传需要转换比例的视频，如图39所示。

❸ 这里导入了一段9∶16的飞机天空中飞行的视频的竖屏视频，将其转换为16∶9的横屏视频，所以在右上角的"目标比例"选项中选择"16∶9"，并且剪映自动将视频画面锁定在飞机上，如图40所示。下方的"镜头稳定度"和"镜头位移速度"是控制画面稳定程度的，根据情况具体选择，一般情况下选择"默认"即可。

❹ 所有参数都调整好以后，如果不需要再对视频进行编辑，点击右下角"导出"按钮即可将视频导出到目标文件夹，如果还需要对视频进行其他操作编辑，点击右下角"导入到新草稿"，即可进入到剪映编辑界面进行其他操作，如图41所示。

▲ 图38

▲ 图39

▲ 图40

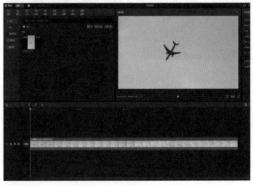

▲ 图41

利用"智能打光"功能实现快速补光

"智能打光"功能的作用

在一些较暗的场景拍摄人物时，人物的面部发暗，会显得肤色比较黑，在没有"智能打光"功能之前，面部打光处理起来比较麻烦，在有了"智能打光"功能以后，不仅可以一键为面部增加"基础面光"，还可以增加"氛围彩光""创意光效"，这一功能十分强大。

利用"智能打光"功能实现快速补光

❶ 打开剪映专业版，导入一段人像视频，如图42所示。

❷ 选中视频轨道，在右侧"画面""基础"选项中勾选"智能打光"，如图43所示。

❸ 导入的视频画面颜色偏暖，看起来比较暗，这里选择"基础面光"分类中的"温柔面光"，让人物面部颜色冷一些，达到酷爽的感觉，如图44所示。

❹ 如果感觉效果没有达到预期，也可以在光源选项中自行调节，可以调整"光源类型"为"平行光"或"点光源"，"对象"为"人物""背景""全部"，"颜色"根据需要调节，"强度"控制光的强弱，"光源半径"控制光的大小，"光源距离"控制光的远近，"高光"控制较亮的像素，"画面明暗"控制画面的明暗程度，如图45所示。

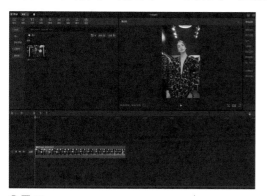

▲ 图42

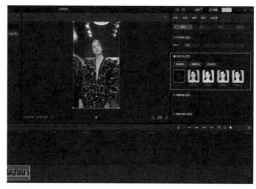

▲ 图43

▲ 图44

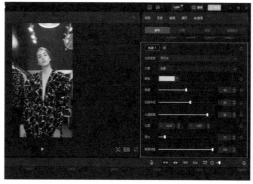

▲ 图45

利用"AI特效"功能让画面充满无限可能

"AI特效"功能的作用

"AI特效"是一种基于人工智能技术的视频特效，能够将视频中的画面转换成类似于油画、水彩画等不同风格的绘画效果。这种特效可以让视频更为艺术化，从而增加观赏性和美感。

利用"AI特效"功能实现CG效果

❶ 打开剪映专业版，导入一段女生跳舞视频，如图46所示。

❷ 选中视频轨道，在右侧"AI效果"选项中勾选"AI特效"，如图47所示。

❸ 在"AI特效"分类中选择"CG"，在"风格描述词"中可以自定义输入，也可以点击下面"随机"按钮由AI自动生成，点击右侧"灵感"按钮，选择生成风格，如图48所示。

❹ 确定好描述词以及风格后，点击"生成"按钮，会生成四个不同效果的预览画面，选择一个合适的，点击"生成视频"按钮，等待片刻即可生成CG效果，如图49所示。

△ 图 46

△ 图 47

△ 图 48

△ 图 49

利用"智能调色"功能让画面更生动

"智能调色"功能的作用

"智能调色"功能主要是通过对视频的颜色、亮度、对比度、饱和度等参数进行调整，来改变视频的色彩效果和视觉感受。"智能调色"功能简单易用，用户无须专业知识，只需要简单设置参数，就能获得满意的调色效果。

利用"智能调色"功能让画面更生动

❶ 打开剪映专业版，导入一段夕阳视频，如图50所示。

❷ 选中视频轨道，在右侧"调节""基础"选项中勾选"智能调色"，如图51所示。

❸ "智能调色"中的"强度"调节主要是调整画面的整体亮度，"强度"调节可以改变视频的明暗程度，以达到更好的视觉效果，将"强度"数值调整到30，画面明显会变暗，如图52所示。

▲ 图 50

▲ 图 51

▲ 图 52

获得本书赠品的方法

1. 打开微信，点击"订阅号消息"。

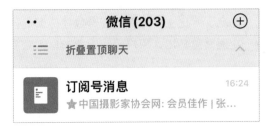

2. 在上方搜索框中输入 FUNPHOTO。

3. 点击"好机友摄影视频拍摄与 AIGC"。

4. 点击绿色"关注公众号"按钮。

5. 点击"发消息"按钮。

6. 点击左下角输入图标。

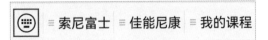

7. 转换成为输入框状态。

8. 在输入框中输入本书第28页最后一个字，然后点右下角"发送"，注意只输入一个字。

9. 打开公众号自动回复的图文链接，按图文链接操作。

光线摄影

摄影类好书推荐

《摄影构图：轻松拍美照
的 230 个实用技巧》
ISBN 978-7-122-42236-1

《建筑摄影前后期实战
技巧 220 招》
ISBN 978-7-122-41801-2

《鸟类与花卉摄影技巧
大全》
ISBN 978-7-122-41863-0

《大疆无人机摄影航拍
与后期教程》
ISBN 978-7-122-44160-7

视频类好书推荐

《手机短视频拍摄、剪辑
与运营变现从入门到精通》

ISBN 978-7-122-38801-8

《小白玩剪映：超易上
手的视频剪辑、拍摄与
运营手册》
ISBN 978-7-122-39547-4

《短视频创业：文案脚本、
拍摄剪辑、账号运营、
DOU+ 投放、直播带货宝典》
ISBN 978-7-122-41113-6

《短视频运营全流程：
策划、拍摄、制作、引
流从入门到精通》
ISBN 978-7-122-44451-6

AI 类好书推荐

《Midjourney 人工智能 AI
绘画教程：从娱乐到商用》

ISBN 978-7-122-43604-7

《Midjourney AI 绘画教
程：设计与关键词创作
技巧 588 例》
ISBN 978-7-122-44444-8

《人工智能 AI 摄影与
后期修图从小白到高手：
Midjourney+Photoshop》
ISBN 978-7-122-43744-0

《5 小时玩赚 ChatGPT：
AI 应用从入门到精通》

ISBN 978-7-122-44383-0